Wakaba（若叶）酱
憧憬 Web 相关工作的大学生

嗯……
版本管理?

从来没听说过版本管理

什么时候用? Git
（一种版本控制软件）

跟我还没关系吧?

发送拉取请求

啊！！

都这个点啦，
要去学校啦。

我走啦~

与此同时

C&R大学

那么

有请下一个研习班上台。

研习班
招新说明会
自由入场

啊，诸位！！
我是
魔王教授！

嘶~嘶~

嗡嗡嗡……

魔王？

那个人是谁呀？

？？

你们用 Git 吗?

嗯……

这个反应的话，
看起来你们已经被"Git 好像
很难"吓得发抖了。

但是！！
加入我的 Git 研习班的话，
就完全不用担心！！

Wakaba 酱①

Git 是什么？

能轻松地学会吗？

本　　名：	伊吕波Wakaba
梦　　想：	成为互联网产品经理
性　　格：	自我步调②·宅

憧憬互联网行业、自我步调的大学生。

通述《跟Wakaba酱一起学网站制作》，学习了HTML和CSS，但在Git方面还是初学者。

想进行Web相关的学习，加入了一个研习班，然后……

在《跟Wakaba酱一起学网站制作》中也有出场哟！

---

① 译者注："酱"是日本文化中对年轻女子的爱称，常常加在名字的后面。

② 译者注：跟随自己的心境而行动。一度成为许多人标榜的属性标签之一，特别是在日本。

Elmas 小姐

学会 Git，只有好处，没有坏处哟！

真央研习班的助手。

一个神秘的少女，兴趣是读书。

魔王教授

终于来啦！！欢迎欢迎！！

本名"真央一"[①]

自称800岁，喜欢的饮料是可乐。

① 译者注：魔王和真央的日文发音几乎相同，魔王为 Maou，真央为 Mao。

HTML CSS Java Script PHP

寄居在Wakaba酱家中的迷之生命体。
她们几个的存在，对大家都还保密。
Wakaba酱遇到难题时，她们会提供有用的建议。

※这几位的详细介绍，参见《跟Wakaba酱一起学网站制作》一书。

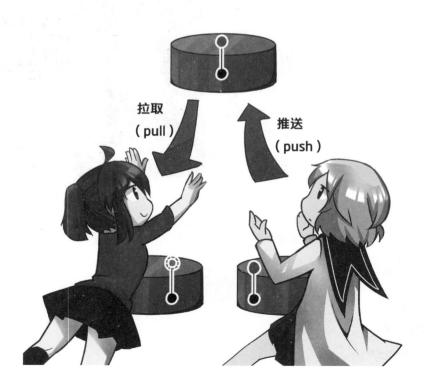

拉取
（pull）

推送
（push）

前　言

🌱 既然要学习，还是开心地学比较好

"Git，好像很难。"

"虽然想学，却一直没能迈出第一步。"

为了这些人能轻松开心地理解 Git，我写了这本书。

- 出场角色个性鲜明的漫画
- 凭感觉就可以理解的图解
- 恰到好处的实践

以上三点，可以使读者较为轻松地学会 Git。

除了学会 Git 的基本使用方法，进行拉取请求练习，还可以在 GitHub Pages 上发布网页。

🌱 本书推荐给以下人士

- 新员工——刚入职，日常工作中会用到 Git，想学习
- 互联网产品经理、程序员——想和其他工程师一起在 Git 上协作开发
- 切换版本管理系统为 Git 的工程师——想废弃现在的版本管理系统，换为 Git
- 小公司的网站负责人——是时候结束手动备份时代了
- 策划、营销负责人——想了解一些开发相关的知识

本书主要讲解如何使用Git的工具，只需点击鼠标就能学会，初学者也无需担心哟。

Y Git 的全身像

正式学习本书之前，让我们先了解一下 Git 和一些与 Git 相关的常见问题及其解答。

了解以下内容，学习 Git 会更加顺畅。

◆ Git 和各工具的关系

Git 和各工具的关系如下图所示。

这里是 Git

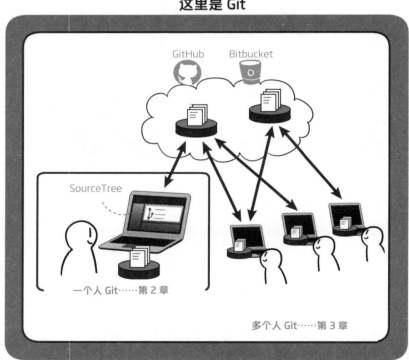

本书主要通过以下方面来学习 Git：

- Git 的概念和使用方法
- GitHub、Bitbucket 的使用方法

Git 和 GitHub 有什么区别?

Git

• 能够记录文件修改历史的版本管理系统

GitHub

• 用于团队协作,开发更便利的网络服务
• 团队成员的沟通工具
  ◦ 提交自己的代码
  ◦ 相互检查代码
  ◦ 吸取团队成员意见,提升开发质量

 GitHub 和 Bitbucket 有什么区别?

两者的相同点是它们都基于 Git 的网络服务,不同点在于功能与设计。本书主要讲解 GitHub,简单介绍 Bitbucket。

 SourceTree 是什么?

图形化的界面,可以直观地操作 Git 的软件。

 免费的?

本书的内容,全部可以免费实践。

■关于权利

• 本书所涉及的公司名称与产品名称等，一般为各公司的商标或注册商标

• 本书省略了 TM、©、® 等符号

■关于本书内容

• 本书是基于对作者与译者的实际操作慎重讨论后，创作与编辑而成的。但若有任何因本书所述内容的运用而产生的不良后果，本书概不负责，敬请谅解

• 本书操作页面基于以下系统环境，若在其他环境中操作，页面可能会略有不同

　　◦ Windows 环境：Windows 7 专业版 / Windows 版 SourceTreeSetup-3.0.17

　　◦ Mac 环境：MacOS High Sierra / Mac 版 SourceTree3.2.1

目 录

Git是什么？

一个人独自使用Git

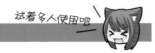

3 多人协作使用Git

4 实用Git ~这些时候,该怎么办呢?

来看看Git广阔的世界吧

5

Git中更广阔的世界

1

Git是什么？

01 Git 能解决的事情

1
Git是什么？
2
4
5

1
Git是什么？
2
3
4
5

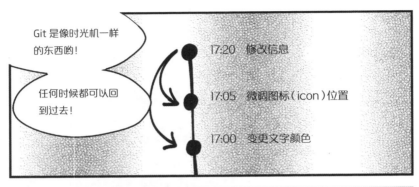

这样……

用 Git 解决"开发中必然遇到的问题"

　　Git，是版本管理系统。使用 Git，可以让开发工作更高效。

◆ 想返回到过去的状态

无 Git 时　　　　　　　　　　　**有 Git 时**

手动备份，想返回到那个时间点的数据没有了，回不去了。　　　　　　一个工作文件夹就可以了。无论什么时候，都能返回自己想返回的时间点，文件都在。

◆ 对于同一个文件，可以多人协作共同修改

无 Git 时　　　　　　　　　　　**有 Git 时**

一个个询问修改的地方，然后手动汇总整理。　　　　　　　　　　自动整合多人的修改。

◆ 能记录修改源代码的原因

<table>
<tr><td align="center">无 Git 时</td><td align="center">有 Git 时</td></tr>
</table>

想了解源代码的修改意图时，无法回溯。尤其是源代码修改人不在的时候，会非常麻烦。

非常详细地记录着代码的变更内容，想知道是谁在什么业务背景下修改的，只要查询 Git 的历史记录就一目了然了。

总结

- Git，是一个版本管理系统
- 通过简单操作，可以为每次变更做备份
- 任何时候都可以回到过去的某个点（代码回滚）
- 可以整合团队成员各自的修改

02 作为交流场所的 GitHub 和 Bitbucket

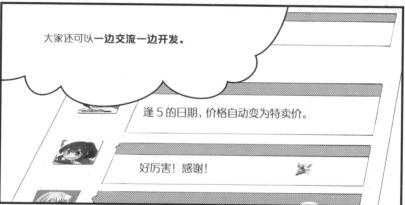

✍ 像享受社交网络一样，享受编程

使用 GitHub 和 Bitbucket，在编辑文件的同时，还可以进行多人互动交流。

也就是说，它们并不仅仅是放置文件的地方，团队成员间还可以进行平等坦诚的交流。

- 相互之间检查代码（code review）
- 讨论前端样式和功能的实现
- 共享设计前后过程，相互提意见

✍ 社交编程

通过 GitHub 和 Bitbucket，可以看到全世界的工程师和设计师编写的代码。与此同时，自己还可以用代码的形式提出优化建议，放入对方的程序中。详细内容请参考第 5 章的专栏。

✍ 多种托管服务

Git 有多种托管服务，这里介绍其中最重要的、本书会进行操作解说的 GitHub 和 Bitbucket。

◆ GitHub

在 GitHub 中，任何人都可以免费创建多个公开仓库（仓库的相关介绍参考第 04 节）。若购买了付费套餐，还可以创建多个私有仓库。

- GitHub 官网

https://github.com/

◆ Bitbucket

如果想免费使用私有仓库，推荐 Bitbucket，5 人以下的小团队可以免费使用私有仓库。

- Bitbucket 官网

https://bitbucket.org/

▼GitHub 官网

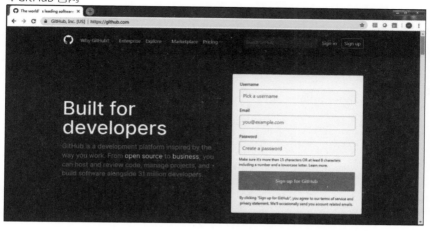

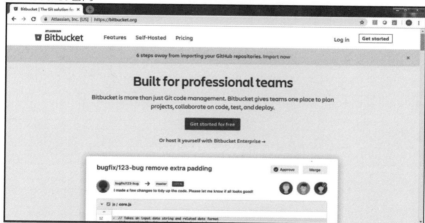

◆ 也可以使用公司内部服务器

有的企业禁止使用云服务，这种情况下，可以使用以下工具搭建公司内部服务器环境，使用公司内部版的 GitHub。

• GitHub Enterprise

https://github.com/enterprise

- Bitbucket 自托管服务

https://bitbucket.org/product/enterprise

- GitLab

https://about.gitlab.com/

- GitBucket

https://github.com/gitbucket/gitbucket

🖋 总结

GitHub 和 Bitbucket

- 是在 Git 上进行版本管理的文件托管平台
- 不仅是文件托管平台，还是程序员的交流平台

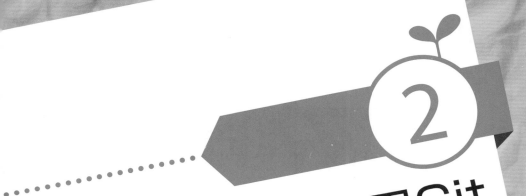

2 一个人独自使用Git

03 安装可以简单使用 Git 的工具

1
2 一个人独自使用Git
3
4
5

① 译者注：Source 和日文的"调味汁"（ソース）发音相同。

从 SourceTree 的官网下载。

Git 也会一同被安装上。

Git 已安装

适配 Windows/Mac 系统。

这样，我也能用 Git 了呀！！

咚咚

锵~

嗯……
有着奇怪的乐观呀！

首先，让自己可以熟练地独自操作。

多人协作开发以后再说！

SourceTree 是什么

提及 Git，大家可能会首先联想到在黑色屏幕上进行操作的现象。不过，近些年出现了可以通过可视化界面进行直观操作的工具。

下面对 SourceTree 这一工具进行解说。

◆ SourceTree的特征

- 有中文版
- 免费
- 可以连接到 Bitbucket 和 GitHub

下载 SourceTree

首先，登录 SourceTree 的官网。

- SourceTree 的官网（英文）

https://www.sourcetreeapp.com/

① 打开官网页面后，点击 "Download for Windows" 或 "Also available for Mac OS X" 按钮（根据自己所用的操作系统版本，点击不同的按钮）。

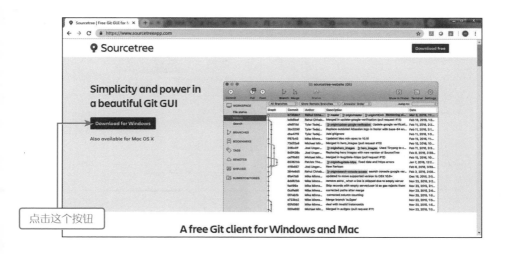

点击这个按钮

② 弹出"软件使用协议"和"隐私政策"对话框, 在左侧复选框中勾上"√"(1), 点击"Download"按钮(2)。

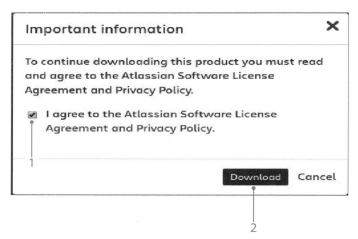

安装 SourceTree

Windows 和 Mac 系统上的安装方法有几处不同, 下面分别进行介绍。

◆ Windows系统的安装方法

① 下载完成之后, 双击下载的"SourceTreeSetup-×××.exe"(××× 是版本号) 文件(1)。

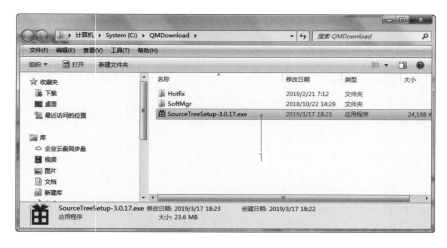

② 弹出"Registration"对话框，如果已有 Bitbucket 帐号，点击"Bitbucket"（1），如果没有点击下方的"Create one for free"（2），创建一个 Bitbucket 账号，具体创建账号操作这里不再赘述。

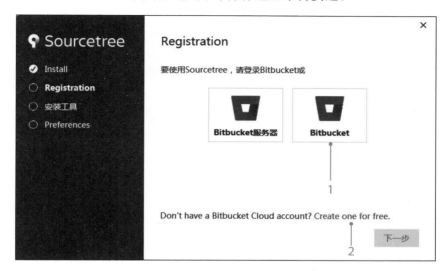

③ 浏览器中弹出 Bitbucket 授权 SourceTree 访问页，点击"Grant access"按钮（1）。

④ 登录 Bitbucket 账号。

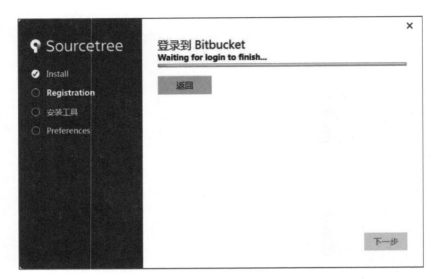

⑤ 登录完成, 点击 "下一步" 按钮（1）。

⑥ 安装所需工具。在左侧 Git 复选框中勾上 "√"（1），点击 "下一步" 按钮（2）。

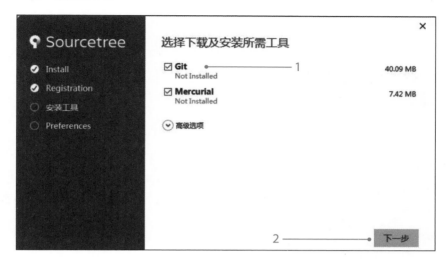

⑦ 工具安装完成，点击 "下一步" 按钮（1）。

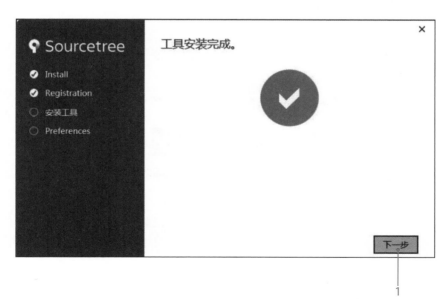

⑧ "偏好 (Preferences)" 设置。在左侧复选框中勾上 "√"（1），并在使用所有仓库的这些细节中填入 Bitbucket 仓库的用户名和注册邮箱，完成后点击 "下一步" 按钮（2）。

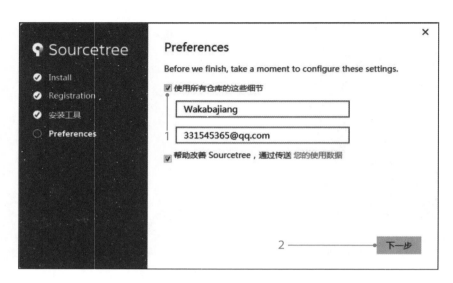

⑨ 询问是否加载 SSH 密钥。此处点击 "否 (N)" 按钮（1）（可后续再设置）。

※SSH密钥，计算机与远程服务器之间加密通信所用的字符串。

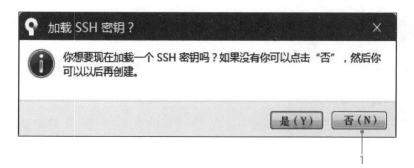

⑩ 确认是否已经安装 Git。如果没有安装过 Git，点击 "下载一个只被 SourceTree 使用的内嵌版 Git" 选项。这样，就完成了 Git 的安装。

※另外，系统也可能针对Mercurial（与Git不同的版本管理系统）进行相同的确认，如果不打算使用，请点击最下方的 "我不想使用Mercurial" 选项。

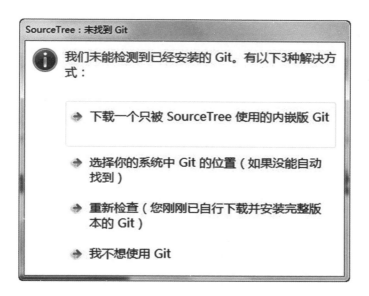

⑪ 安装完成。现在可以开始使用 SourceTree 啦！

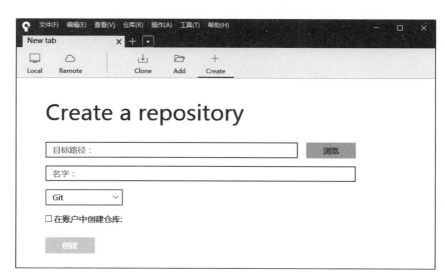

◆ Mac系统的安装方法

① 下载完成之后，双击 "SourceTree_×××.zip" 文件进行解压缩，解压缩后就能看到SourceTree的应用文件（Sourcetree.app），双击此文件（1）。

② 弹出确认对话框，点击 "打开" 按钮（1）。

③ 弹出确认对话框，确认是否从下载文件夹移动到应用文件夹，即点击 "Move to Application Folder" 按钮（1）。

④ 弹出下面的页面，创建 Bitbucket 账户。

⑤ 此处我们创建 "Bitbucket 云" 账户，点击 "Bitbucket 云"。

⑥ 用户登录。可以使用 Google 账户登录（1），也可以点击"注册账户"创建一个 Atlassian 账户（2）。此处我们使用 Google 账号登录。关于 Google 账户或 Atlassian 账户的创建方法，此处不再赘述。

⑦ 注册完成后，出现以下画面。点击"继续"按钮（1）。

⑧ 设置首选项，在"为 Git 和 Mercurial 设置通用作者信息"中设置用户名和邮箱地址，点击"完成"按钮（1）。

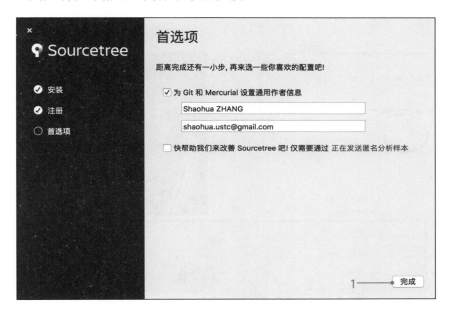

⑨ 安装完成！可以使用 SourceTree 啦。

04 创建仓库

已安装 SourceTree 的 Wakaba 酱

呀一

咚~

· · · · · · ○

那

该从哪儿开始呢？

首先……

请创建一个 repository（仓库）。

1
2 一个人独自使用Git
3
4
5

① 译者注: repository 最后四个字母 "tory" 的发音, 与日文中 "鸟" 的发音 (tory) 相同。

首先，一个人独自练习

虽然多人协作开发才是 Git 发挥真正价值的场景，但一个人也是十分好用的。首先，在自己的电脑上创建一个练习使用的仓库。

 自己电脑上的仓库，被称为本地仓库。

实践：创建仓库

按照如下步骤创建仓库。

◆ 新建文件夹

首先，新建一个进行版本管理的文件夹。

例如，在"文档（我的文档）"文件夹内新建一个"sample"文件夹。从 SourceTree 中把这个"sample"文件夹指定为 SourceTree 文件夹，那么今后进入"sample"文件夹中的文件便是版本管理的对象。

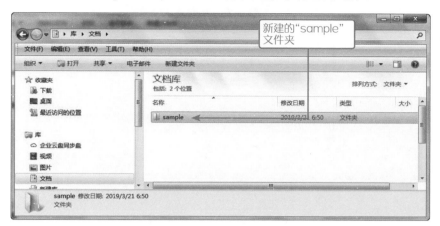

◆ 创建仓库（Windows系统）

如果使用的是 Windows 系统，按照如下步骤创建仓库。

① 打开已安装的 SourceTree，点击"Create"（1），然后点击目标路径右侧的"浏览"按钮（2）。

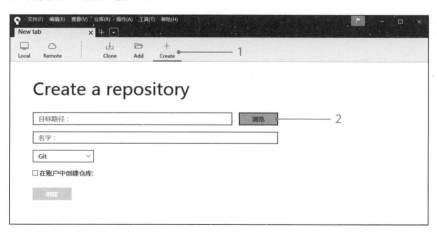

② 选择已新建的文件夹（1），点击"选择文件夹"按钮（2）。

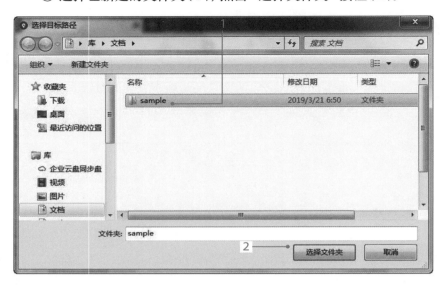

③ 目标路径被指定（1），仓库所用文件夹被指定（2）。然后，点击"创建"按钮（3）。

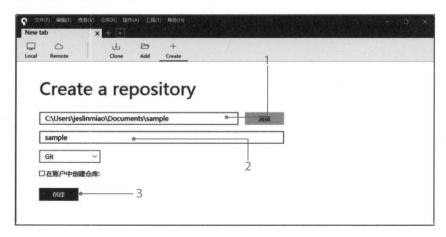

④ 可能会弹出以下弹窗。提示"目标路径已存在，是否继续并在该文件夹中创建一个仓库"，点击"是 (Y)"按钮（1）。

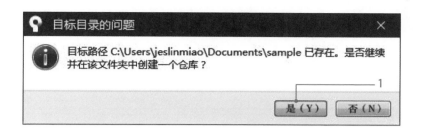

⑤ 创建仓库成功。如此，便可以在"sample"文件夹内进行版本管理了。当前仓库的名称显示在左上角。

◆ 创建仓库（ Mac系统 ）

对于 Mac 系统，可按照如下步骤进行仓库的创建。

① 选择页面上方菜单栏中的"文件"→"新建"（1）。

② 从"新建仓库"下拉框中选择"创建本地仓库"(1)。

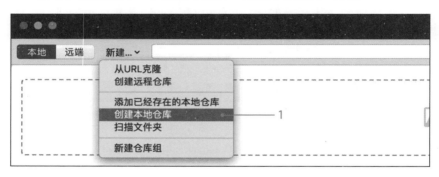

③ 点击"目标路径"右侧的"…"按钮(1),选择已创建好的文件夹"sample",然后点击"创建"按钮(2)。

④ 成功创建仓库。

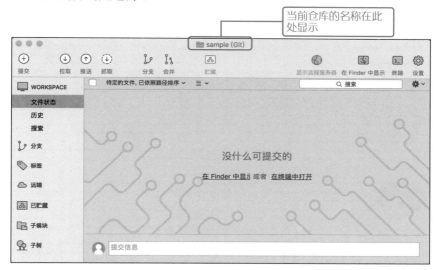

当前仓库的名称在此处显示

是否是仓库的识别方法

识别 "sample" 文件夹是不是一个仓库，可以通过查看文件夹内有无变化。如果电脑设置了 "显示隐藏的文件夹"，应该可以隐约看到如下图所示的文件夹。

▼Windows 系统

▼Mac 系统

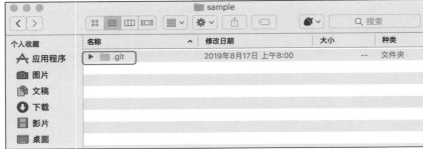

".git"是一个半透明的文件夹哟!

这是由刚才的操作自动生成的文件夹。如果有".git"文件夹,说明"sample"文件夹已经被设定为仓库。

嚯嚯~
这个就是仓库呀!

在".git"文件夹中,用特殊的方法压缩并存储了过去的文件与目录的状态。

总结

- 仓库,就是记录着过去状态的储藏库
- 存在 ".git" 文件夹,说明这个文件夹是一个仓库

05 提交

哎呀……

啊

您终于回来了呀!

魔王教授

吭哧

吭哧

您买了什么?!

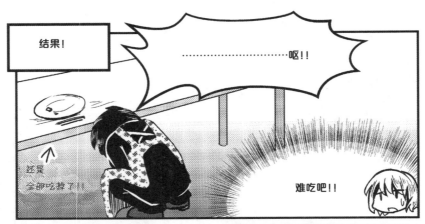

怎么记录变更的？

记录变更的基本流程如下：

① 操作。

② 暂存（放上摄影台）。

③ 提交（拍摄快照）。

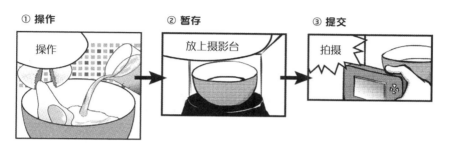

操作

作为练习，制作一个日式什锦烧菜谱的文本文件。

在刚才创建的"sample"文件夹中，新建一个文本文件。输入"放入什锦烧粉、水、鸡蛋"，然后保存，文件名为"shijinshao.txt"并关闭（可以用自己喜欢的文本编辑器）。

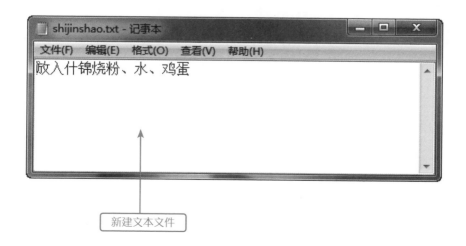

新建文本文件

当前的状态如下所示。

操作目录 暂存区域 仓库

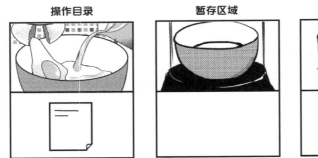
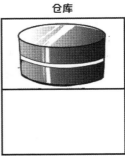

SourceTree 可以察觉文件夹内的变化

"sample"文件夹内有任何变化,SourceTree 都可以察觉到。

◆ Windows系统

点击 SourceTree 页面下方的"日志 / 历史"按钮,在提交日志中能够看到"未提交的更改"这样的记录。

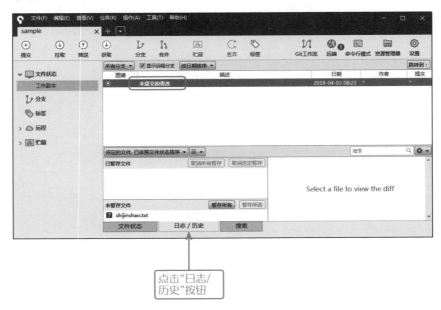

◆ Mac系统

依次点击左侧菜单栏中的"WORKSPACE"→"历史"，将在提交日志中显示"Uncommited changes"。

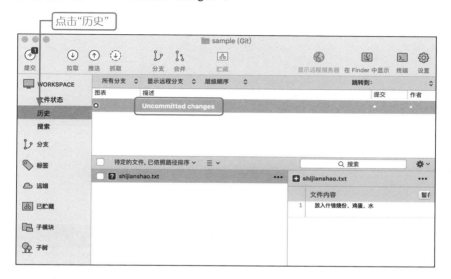

 操作目录中有任何变化，SourceTree 都会自动察觉！

 如果SourceTree没有显示出变化，试着更新一下。Windows系统按"F5"键，Mac系统按"⌘"和"R"键。

📝 暂存

点击"未提交的变更"，页面下方"已暂存文件"一栏中，将显示出有变更的文件。

◆ Windows系统

点击"暂存所有"按钮，文件便会移动到暂存区域。

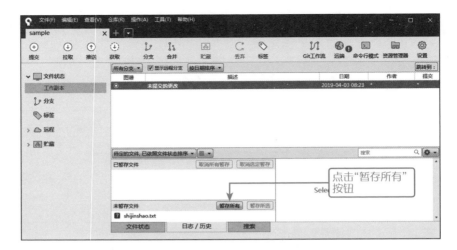

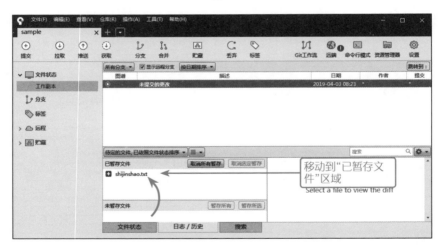

◆ Mac系统

① 对于 Mac 系统,先把页面设置为更易使用的展示模式。点击页面中部的 ▤ 拉钮,选择"分体暂存视图"。

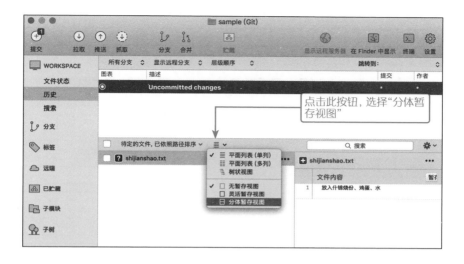

② 文件名左侧的复选框设为 ON，就可以把文件移动到"已暂存文件"区域。

设为ON

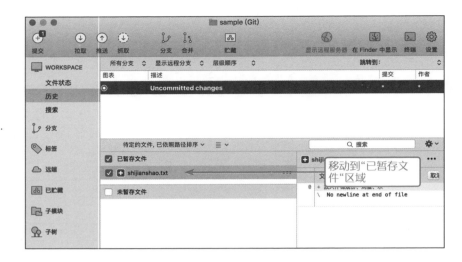

这样，就变成了如下状态。

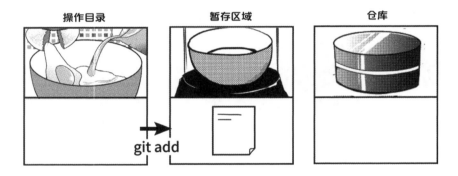

git add

就像被放到了摄影台上。

这样就进入了等待拍摄状态了吧。

✎ 提交

　　现在试着提交，就像把文件目录的某一时刻的状态拍成照片记录下来一样。点击页面左上方的"提交"。

▼Windows 系统的 "提交"

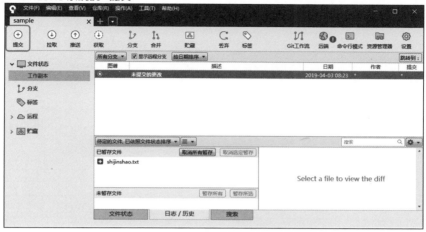

▼Mac 系统的 "提交"

提交时，必须附上对提交内容的说明。填入"准备做什锦烧的原材料"，然后点击右下方的"提交"按钮。

填入对提交内容的说明

点击"提交"按钮

确认提交是否成功，点击下方的"日志 / 历史"按钮（Mac 系统点击左侧"WORKSPACE"中的"历史"）。提交成功！首次提交已经被记录下来了。

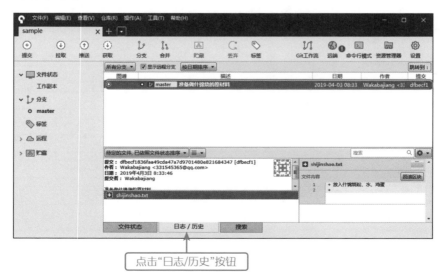

点击"日志/历史"按钮

这样，就变成了如下状态。

操作目录　　　　　　　暂存区域　　　　　　　仓库

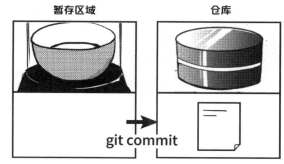

git commit

 这个"提交"操作创建了一个版本，也就是添加了一条版本管理的历史记录。

 提交，一般在一个变更节点时进行，例如在"变更了按钮的设计""添加了帮助页面"等情况。

继续累积历史记录

到目前为止，已经完成"操作→暂存→提交"这个系列的流程，创建了一个历史记录。

下面，我们继续累积第二个历史记录。

◆ 放入卷心菜

① 回到文本编辑器，在之前的同一个文件中，添加"放入卷心菜"，并保存。

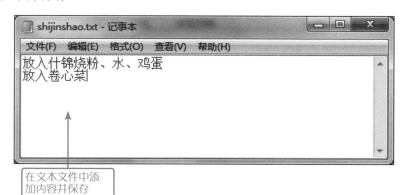

在文本文件中添加内容并保存

55

② 选择"未提交的更改",暂存"shijinshao.txt"。

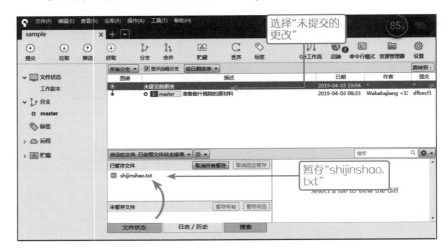

③ 点击页面左上方的"提交",在下面的方框中写上提交注释"添加食材",然后点击"提交"按钮。

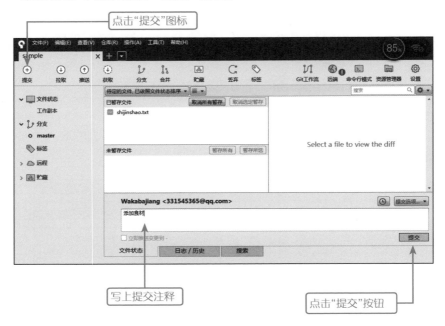

◆ 放入可乐

① 再累积一个历史记录。回到文件编辑器，添加"放入可乐"，并保存。

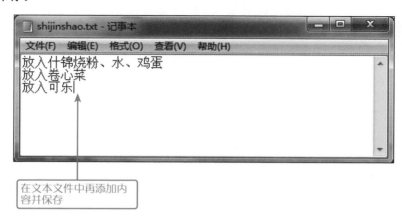

在文本文件中再添加内容并保存

② 与之前相同，先暂存再提交，提交注释写为"添加调味料"。

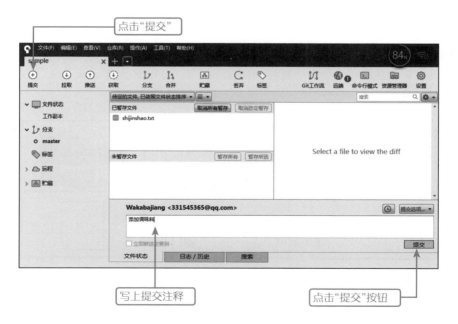

点击"提交"

写上提交注释

点击"提交"按钮

③ 点击"日志 / 历史"标签（Mac 系统点击左侧"WORKSPACE"中的"历史"）。到目前为止，已累积了 3 次历史记录。

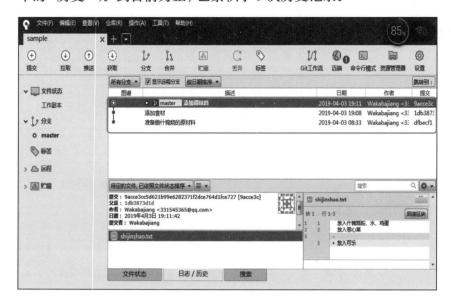

总结

- 重复进行"变更→暂存→提交"流程，历史就会被记录下来

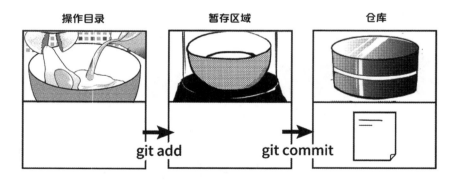

专栏一　想从暂存区域撤回的时候怎么办?

想分开拍摄,所以还是
先从摄影台上拿下来吧。

虽然同时编辑了两个文件,但如果想分开提交,可以按照如
下步骤进行操作。

① 首先,点击选择现在不想提交的文件。

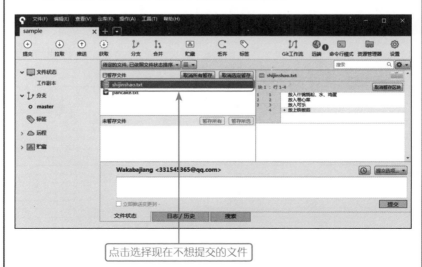

点击选择现在不想提交的文件

② 选定文件，然后点击"取消选定暂存"按钮。

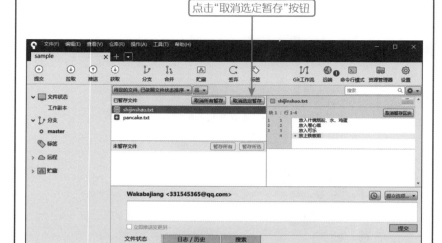

点击"取消选定暂存"按钮

③ 如下图所示，此时部分文件就可以从暂存区域撤回。

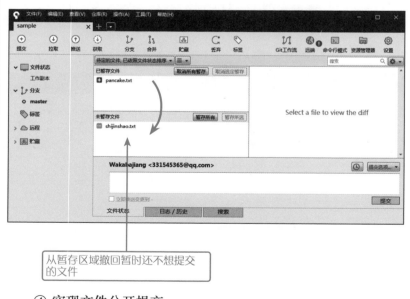

从暂存区域撤回暂时还不想提交的文件

④ 实现文件分开提交。

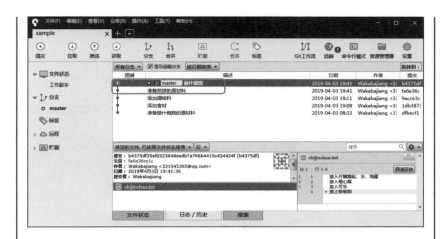

- 想把多个文件分开提交的时候
- 还没提交时想要有所变更的时候
这些情况需要暂存区域哟!

"反正都是提交,那暂存不是白费功夫嘛!"
其实,我有时候会有这样的想法。

专栏二　为什么一定要有提交注释?

为什么每次提交都一定要留下注释?

这其实是为了记录"为什么进行了变更"。提交时,系统会自动记录以下事项:

- when——什么时候进行了变更
- who ——谁进行了变更
- what——变更了什么

但是"why——为什么进行了变更"并不会被自动记录,因为这个信息只有进行变更的那个人才知晓。所以,需要在"提交注释"中记录。

06 用 checkout 移动提交

检查 (checkout)

回到特定时刻文件状态的方法有很多，这次我们用 checkout。

checkout？

执行 checkout，可以让操作目录中的文件变成指定某个时刻文件的状态。

嗯？好像明白又好像不明白。

刚才，魔王教授在做什锦烧的时候不是拍摄照片了嘛。

嗯，一边操作，一边一张一张地拍照。

就是这个，每张照片都存储在仓库中。选择其中的一张，然后可以加载到操作目录中哟。

1
2
3
4
5

一个人独自使用Git

操作目录	暂存区域	仓库
		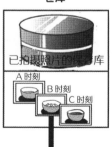

读取 B 时刻的状态

原来如此，那马上checkout吧！

checkout 过去的提交

checkout 过去的提交，可以按以下步骤进行操作。

① 实践完成后，文本文件应是如下状态。

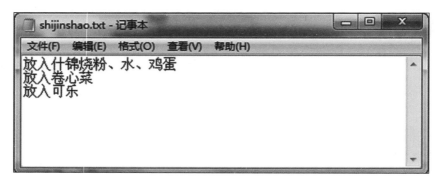

② 在提交日志中，越靠下的是越早的记录。如果要返回到"添加食材"这一时刻，双击这次的提交即可（1）。

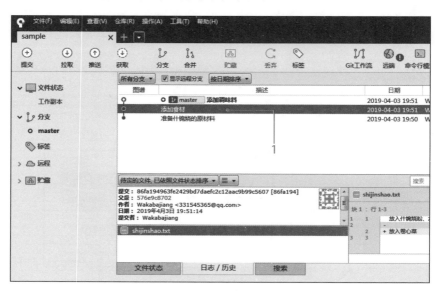

③ 弹出确认对话框，点击"确定"按钮（1）。

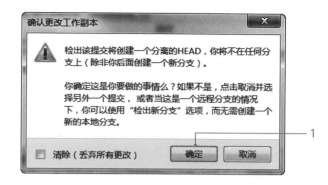

④ 进入操作目录，打开文本文件，回到放入可乐之前的状态。

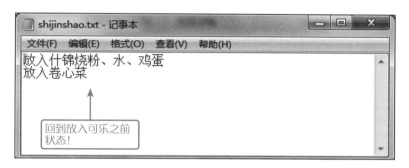

回到放入可乐之前状态！

checkout 最新的提交

即使已移动（checkout）到过去的提交，还是可以进入最新的提交。

① 进入最新的提交。双击"添加调味料"（1）。

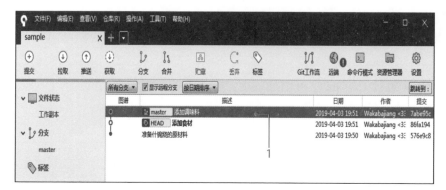

② 打开文本文件，已回到最新状态。

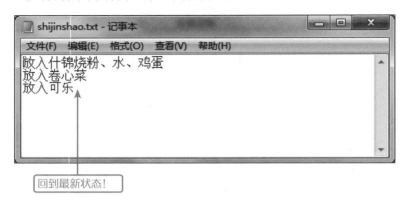

放入什锦烧粉、水、鸡蛋
放入卷心菜
放入可乐

回到最新状态！

回到最新的提交，就又回到了放入可乐的状态？

是的哟，checkout只是移动当前的提交，想要撤销过去的更改，需要用revert哟！（参考第18节）

Git还有很多功能！既然加入了我的研习班，就会一对一教你哟，你真的赚到了！

研习班终于有了学员，超开心！

📝 总结

• 执行 checkout，可以加载指定时刻点的数据到当前的操作目录

打开提交日志，会发现每一次提交都会被分配一个由英文字母与数字组成的字符串，它们是 commit id 的前 7 位。

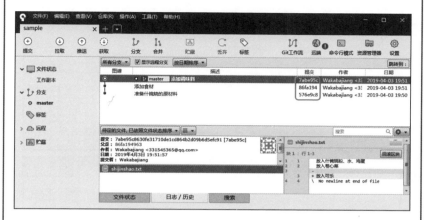

右键点击"commit id"，选择"复制 SHA 到剪贴板"（Mac 系统是"复制 SHA-1"到剪贴板 ），这样就能获取 40 位的完整 commit id，示例如下。

9708b9cbff817ec66f44342007202690a93763949

在 Git 上一行一行地提交，都会与这样的 40 位的英文字母与数字组成的字符串一一对应。这个字符串是基于提交内容而生成的哈希值。

如果 commit id 的生成逻辑不是这样，而是按照时间顺序从 001、002、…连续自增，那么在和他人协同操作时，如果同一时刻提交，就会出现 commit id 冲突的情况。

正因为每一行提交都有这样一个唯一的 40 位号码，同一仓库才可以被多人同时使用。

专栏二 分散式版本管理系统是什么？

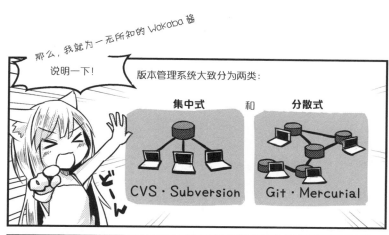

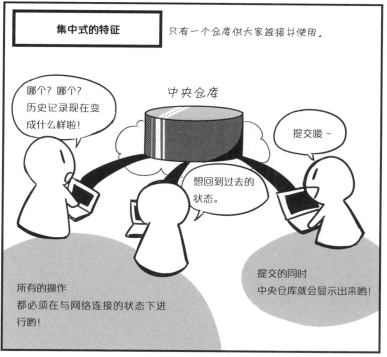

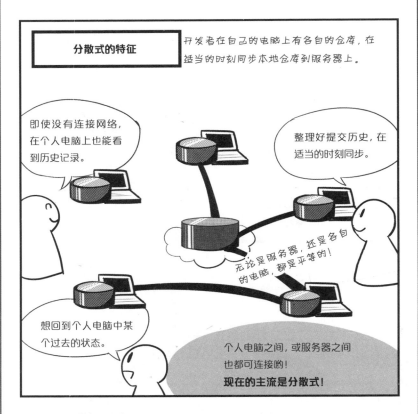

版本管理系统大致分为两类：

- 集中式版本管理系统（CVS · Subversion 等）
- 分散式版本管理系统（Git · Mercurial 等）

集中式的特点是连接同一个中央仓库，大家共同使用；分散式的特点是大家各自克隆中央仓库到本地电脑，在适当的时刻同步。

多人协作进行版本管理时，需要在所有成员都能访问的地方放置一个中央仓库。

放置中央仓库？这个中央仓库，放哪儿比较好呢？

可以使用 GitHub、Bitbucket 等提供的托管服务，也可以搭建一个公司内部服务器，把中央仓库放在上面。

有很多种方法呢。

搭建公司内部服务器，对 Wakaba 酱而言可能太难了一点儿。如果使用托管服务，只需要点击几下就可以在云端创建中央仓库，即使是 Wakaba 酱这样的初学者，也可以很快使用起来哟。

好想快点儿用起来!

那么，从下一章开始，就一起来学习 Git 的多人协作使用吧。

3

多人协作使用Git

07 创建 GitHub 帐号

1
2
3 多人协作使用Git
4
5

78

① 译者注：2019 年 1 月，GitHub 宣布个人可以免费创建私有仓库，且数量不限，但每个仓库最多只能有 3 个协作开发者。

80

代表性的 Git 托管服务

代表性的 Git 托管服务有 GitHub 和 Bitbucket，各自的特征如下。

◆ GitHub的特征

在 GitHub 中，可以免费创建公有仓库，数量不限。如果购买付费项目，还可以无限地创建私有仓库。关于 GitHub 的使用方法，将在下面介绍。

◆ Bitbucket的特征

Bitbucket 支持 5 个开发成员以内的团队免费创建私有仓库，个数不限。关于 Bitbucket 的使用方法，将在第 16 节介绍。

创建 GitHub 账号

按照以下步骤，创建 GitHub 账号。

① 打开 GitHub 官网（ https://github.com/ ），依次输入用户名（ 1 ）、邮箱地址（ 2 ）、密码（ 3 ），然后点击 "Sigh up for Gitbub" 按钮（ 4 ）。

② 进入 "Choose your subscription" 页面，首先尝试免费服务。选择 "Free"（ 1 ），点击 "Continue" 按钮（ 2 ）。（如果想使用更丰富的私有仓库功能，选择 "Pro"。）

③ 你会收到一封确认邮件。点击确认邮件中的"Verify email adress"
按钮，登录完成。

专栏　　关于GitHub的subscription服务

个人使用 GitHub 时，主要有以下两种订阅（subscription）服务。

subscription	说明	费用
Free	数量无限的公有 + 私有仓库 私有仓库最多有 3 名协作开发者	免费
Pro	无限的公有仓库 + 无限的私有仓库	付费 （7美元/月）

如果是学生使用，可以登录 Student Developer Pack，免费获取
多个付费的工具或服务。具体信息请登录以下网址查看：

https://education.github.com/pack

08 复制练习用仓库

请看!

我终于建好了!

GitHub 帐号!!

Elmas 小姐,账号告诉我一下哟!

快点

好,好的……

快点 快点

@elmas5

Add a bio

Edit profile

Overview

Popular repository

pull-request-pratice

请练习拉取请求,我会合并的。

elmas5……
为什么是 elmas 5?

被点亮了

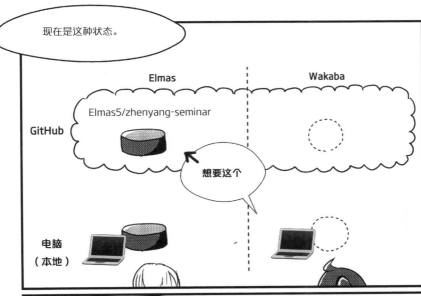

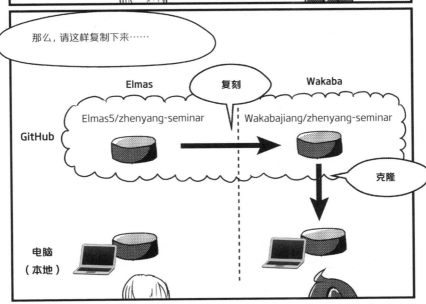

怎么复制？

复制 Elmas 小姐在 GitHub 上公开的仓库，步骤如下：

① 复刻。

② 克隆。

复刻

复刻，是指复制他人公开的远程仓库到自己的账号中。请复制 Elmas 小姐账号中已公开的、制作研习班网站所用的仓库。

① 在 GitHub 登录状态下，打开以下地址：

https://github.com/Elmas5/zhenyang-seminar

② 页面显示出名为"Elmas5/zhenyang-seminar"的仓库（1）。点击页面右上角的"Fork"按钮（2）。

③ 复刻完成前，可能需要等待几秒。

④ 此时，在你的帐号下，已复刻了刚才的仓库！这个仓库的名字是"×××（自己的帐号名）/zhenyang-seminar"（1）。

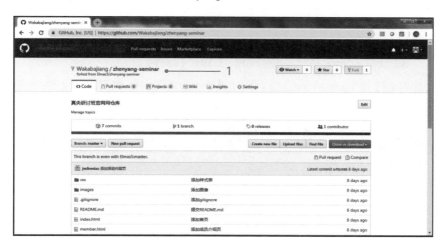

fork，在英文中有餐叉的意思，同时也有"河流或道路的分支"这个意思哟。

克隆

克隆，就是把远程仓库下载到本地（自己的电脑）。

首先，点击"Clone or download"按钮，复制显示出来的网址。

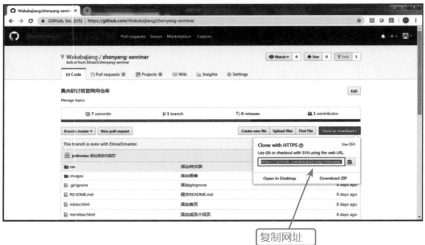

复制网址

◆ Windows系统

对于 Windows 系统，按照如下步骤进行克隆。

① 打开 SourceTree，在页面上方的菜单栏中依次选择"文件→克隆 / 新建"（1）。

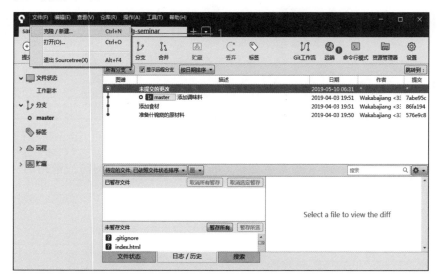

② 点击 "Clone"（1），在 "源路径 /URL" 中（2）粘贴之前复制的网址，然后点击 "克隆" 按钮（3）。

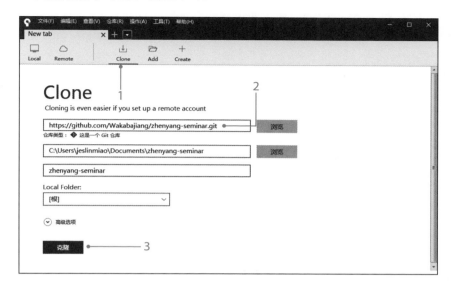

③ 提交日志显示后（1），表示克隆成功。

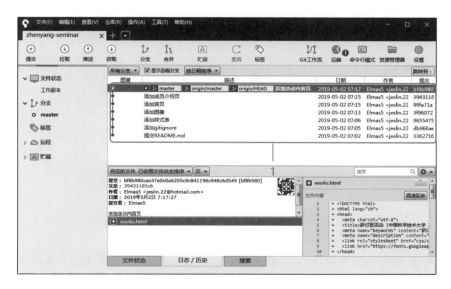

◆ Mac系统

对 Mac 系统，按如下步骤进行克隆。

① 打开 SourceTree，在页面上方的菜单栏上选择"文件→新建"。

② 在"新建仓库"下拉菜单中选择"从 URL 克隆"（1）。

③ 在源 URL 中，粘贴之前复制的网址（1），然后点击"克隆"按钮（2）。

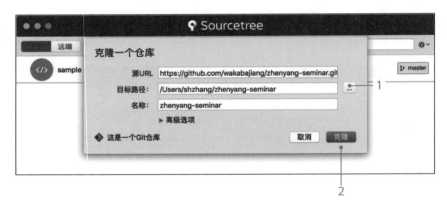

④ 提交日志显示后，表示克隆成功。

◆ 确认文件

要查看文件时，在页面上方菜单栏上点击"操作→在资源管理器里显示"。（对于 Mac 系统，点击页面右上方的"在资源管理器里显示"。）

这样，便可以查看已克隆的文件。

成功克隆的文件

克隆，就是字面意思呀，与下载（download）的感觉有点儿相近。

从下节开始，我们学习用这个仓库在Git上进行多人协作。

📋 总结

- 复刻，可以把他人公开的远程仓库复制到自己的账号中
- 克隆，可以把远程仓库复制到本地

招募研习班学员！

09 创建并行世界（分支）

分支的概念

通过下面的图，有人可能已经理解分支了，对于 Wabaka 酱，可能需要再深入一些的解释。

米分支　　　　鱼分支

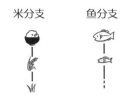

分支是什么?

Git 的官方解释是:

Git 中的分支，其本质是一个指向提交对象的可变指针。

原来如此，还是不懂！指针又是什么?

指针，简单而言就是"当前!"。

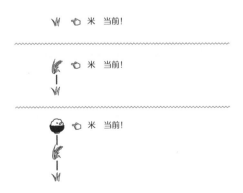

噢噢，累积了新的提交，"当前!"就会移动呀。

分支的移动

移动分支，使用 checkout 命令。当前所在的分支用"*"来标识。

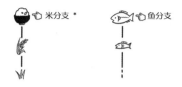

从这种状态 checkout 到鱼分支，当前自己所在的分支就会从米分支移动到鱼分支。

使用 checkout，可以让自己移动到任意一次的提交。

◆ 确认自己所在分支的方法

在 SourceTree 上，自己当前所在的分支已用粗体标识出来。从下图中，可以看出自己当前在 master 分支上。

checkout 命令，在第 06 节已经用过哦。

master 分支是什么？

那么，master 分支是什么？

它是最开始就存在的分支，就像河流的"干流"。原则上，在master分支上保存最新的正式发布用的源代码就可以啦。

实践：创建新分支并提交

创建新分支"profile"，添加 Wakaba 酱的个人简介，然后提交。

① 点击"分支"，在"分支"对话框（1）中的"新分支"输入框（2）中输入"profile"（3），点击"创建分支"按钮（4）。

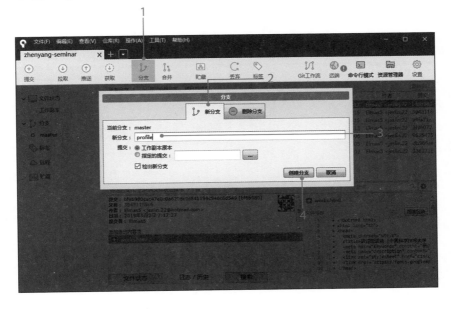

② 在左侧边栏中，可以确认是否已添加 profile 分支（1）。

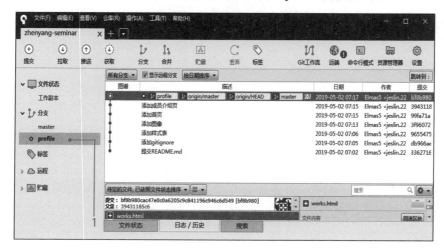

 在左侧边栏上，profile 是粗体的状态，也就意味着，现在已经 checkout 到 profile 分支上。

③ 下面就是在 profile 分支上编辑 member.html。首先，用浏览器打开 member.html（找到 member.html 的方法，可以参考第 08 节），可以看到 Wakaba 酱的个人简介缺失，现在我们添加这部分内容。

④ 用文本编辑器打开 member.html，添加介绍 Wakaba 酱的内容。

~ 略 ~
\<img src="images/icon_wakaba.jpg" alt="Wakaba"\>
\<p\>新学员，梦想是成为互联网产品经理。\</p\>
~ 略 ~

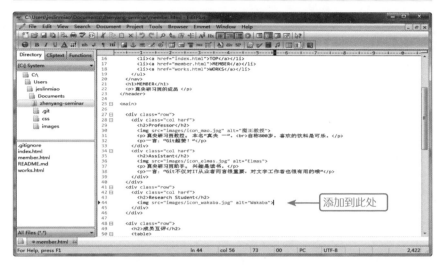

⑤ 编辑之后，保存。

⑥ 刷新已打开 member.html 的浏览器，可以看到 Wakaba 酱的个人简介已经添加。

⑦ 返回 SourceTree，进行暂存 / 提交操作。注释部分为"添加若叶的个人简介"(1)。

⑧ 在 profile 分支上完成提交！可以看到在 master 分支上新增了一次提交。

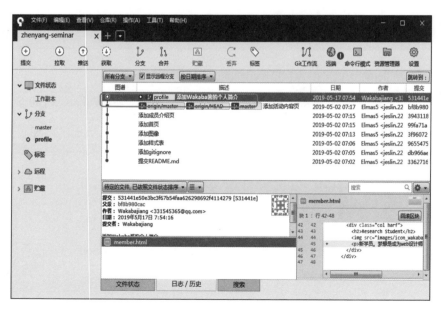

实践：移动 master 分支

下面，我们试着从 profile 分支移动到 master 分支。master 分支，理论上是不受之前的编辑影响的。

① 若要移动（checkout）到 master 分支，双击左侧边栏上的 "master"（1）。

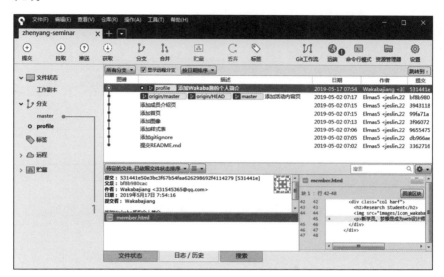

② 成功移动到 master 分支（1）。

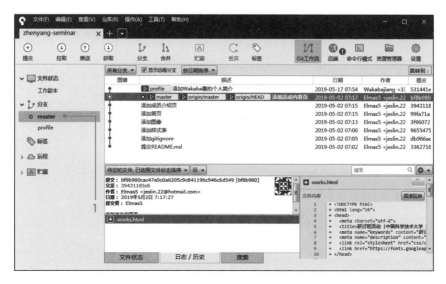

③ 打开 member.html，可以看到的确没有受到之前编辑的影响！这说明 master 分支确实不受 profile 分支变化的影响。

 创建另外一个分支，未影响到主分支，就可以大胆地进行开发了。

总结

- 分支，就是指针
- 指针，简而言之就是"当前！"
- 移动分支，使用 checkout 命令

10 合并分支

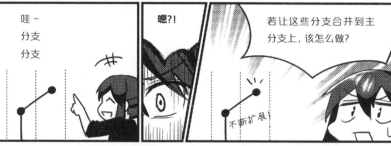

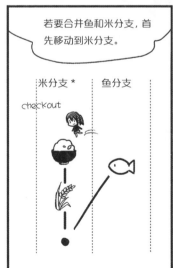

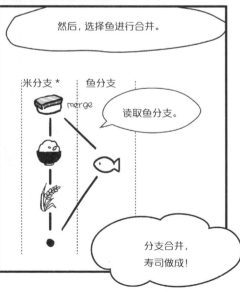

刚刚添加的源代码，看起来是没有问题的。那么，合并到发布用的 master 分支吧。

合并分支

按以下步骤进行合并分支。

① 现在的状态是在 master 分支上，右击想要合并的分支（此次是 profile 分支），之后点击"合并 profile 至当前分支"（1）。

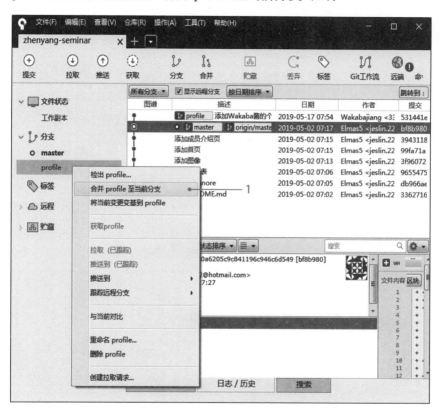

② 在弹出的确认合并对话框中，点击"确定"按扭（1）。

③ 合并成功! master 分支已成功读取 profile 分支的变更。

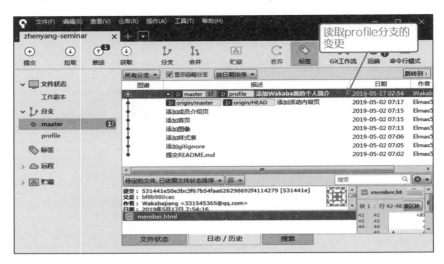

④ 确认是否真的合并成功。打开 member.html,如下图所示,master 分支已成功读取 profile 分支的变更。合并成功。

📖 总结

• merge 命令,可以让分支进行合并

11 推送

欧耶~
编辑完成，
提交完成！

嗯?

如果把这次提交反映在远程仓库,
要怎么做呢?

这个时候
推送(push)!

郴~郴~

推送的姿势

把本地仓库的变更反映到远程仓库

打开 GitHub，浏览远程仓库是什么样子的。

URL：https://github.com/×××（自己的帐号名）/zhenyang-seminar

点击仓库主页上的 member.html，可以查看源代码。

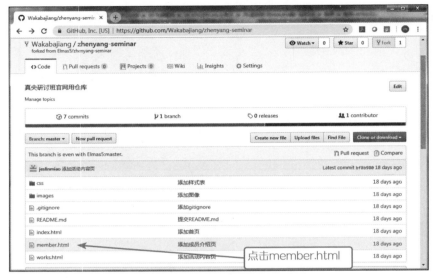

咦?! 编辑过的地方, 没有反映在 GitHub 上呀。

那是因为, 还没有推送呀。

就是往远程仓库"推"数据, 像上传一样。

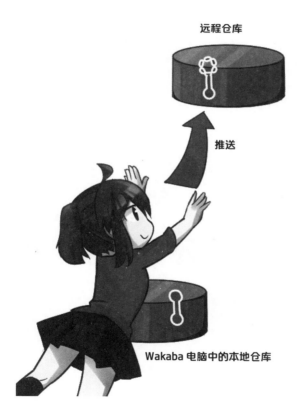

远程仓库

推送

Wakaba 电脑中的本地仓库

实践: 推送

按以下步骤进行推送。

① 点击 SourceTree 的"推送"(1)。

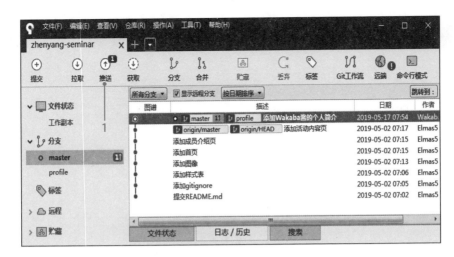

 "领先 1 次提交"的意思是，与远程仓库相比，本地仓库先行进行了 1 次提交。

② 把想要推送的分支设为"ON"，即在 master 前打"√"（1）；然后点击"推送"按钮（2）。现在我们把 master 分支设为 ON，点击"推送"按钮。

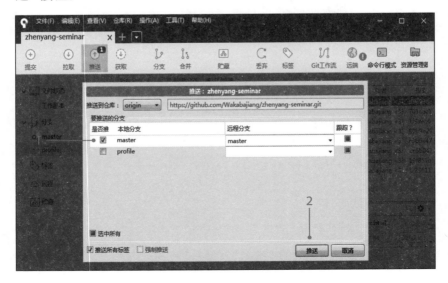

③ 若要弹出 GitHub 的登录窗口。输入用户名（1）和密码（2），
点击 "Signin" 按扭（3）。

④ 推送完成之后，刷新已打开的 member.html 页面即可。

做到啦！我的变更在远程仓库中反映出来了！

总结

• 想要上传数据 → 推送

12 拉取

将远程仓库的变更反映到本地仓库

Elmas 小姐刚刚编辑了个人简介，并推送到远程仓库。

 这个时候可以用拉取。

 就是从远程仓库拉取（pull）数据，像下载一样。

📖 实践：拉取

按以下步骤进行拉取。

◆ Git上直接创建提交

首先，假设 Elmas 小姐已经进行了提交，为达到相同效果，我们在 GitHub 上直接创建一次提交。

① 打开 "×××（自己的帐号名）/zhenyang-seminar" 所在的主页（https://github.com/×××（自己的帐号名）/zhenyang-seminar）（1），点击 README.md（2）。

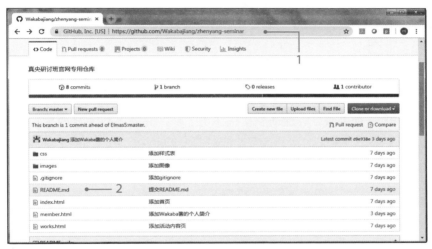

② 点击铅笔形状的图标（1），进入编辑状态。

③ 在 README.md 中，直接写入成员（1）。

④ 添加完成后，滚动到页面下方，可以看到提交注释的输入栏。在输入栏中，输入"README.md 中添加成员一览"（1），点击"Commit changes"按钮（2）。这样，便在 GitHub 上完成了一次提交。

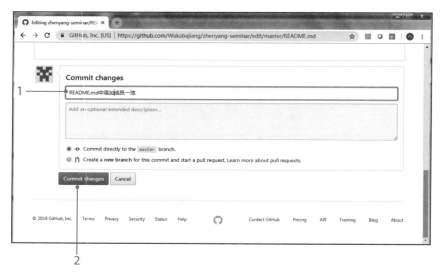

完成后, 现在的状态如下。

▼远程仓库的状态

▼本地仓库的状态

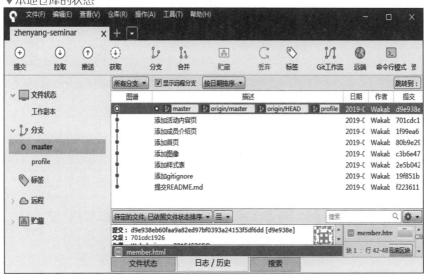

在本地仓库中, 当前还没有编辑 README.md 后的提交。

是的。远程仓库处于比本地仓库早一次提交的状态。

◆ 下载到本地仓库

把远程仓库上的提交，下载到本地仓库。

① 点击 SourceTree 页面上方的"拉取"（1），确认拉取分支的设置是从 master 到 master（远程分支和本地分支都是 master）（2），之后点击"确定"按钮（3）。

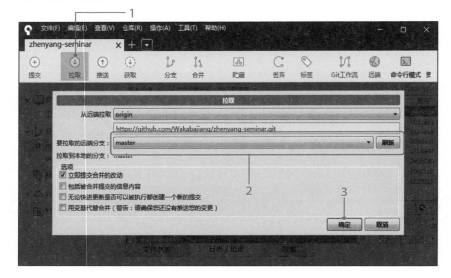

② 现在，远程仓库上的提交已经反映在本地仓库中。

▼远程仓库的状态

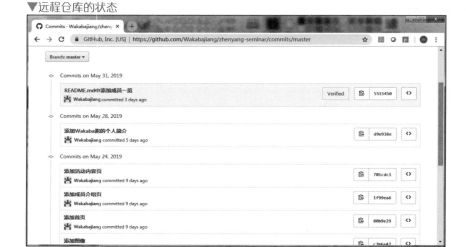

▼本地仓库的状态

 远程仓库与本地仓库的状态一致！

 这样，Wakaba酱也学会了多人协作使用Git了。

📝 总结

- 想下载并反映到本地仓库的时候→拉取

13 有冲突时怎么办?

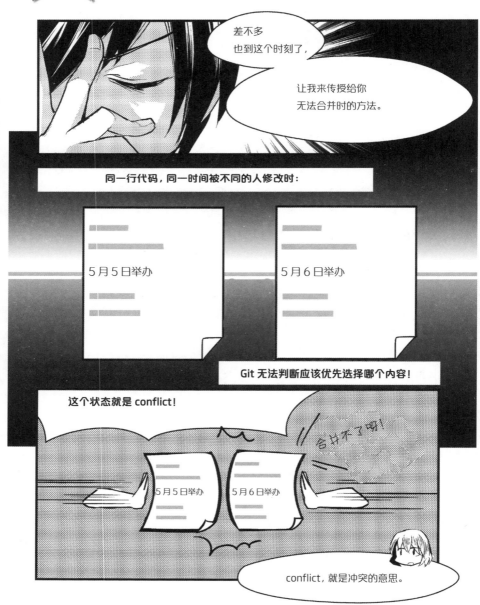

冲突是什么

冲突,是同一行代码在同一时间被不同的人修改时发生的状况。

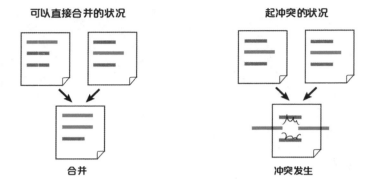

可以直接合并的状况　　　　　**起冲突的状况**

合并　　　　　　　　　　　冲突发生

即使是同一文件,如果修改的行不同,冲突也不会发生,可以直接合并。

实践:特意制造冲突

假设在 master 分支上他人也进行了修改,而这个修改和自己的修改刚好相冲突。

◆ 在 update-news 分支上操作

① 首先,创建一个新的分支,在此分支上进行操作。点击"分支"(1),创建新的分支。新分支命名为"update-news"(2)。

②　checkout 在 update-news 分支上。在这个状态下，用文本编辑
器打开 index.html，"日期待定"改为"5 月 5 日举办"（1）。

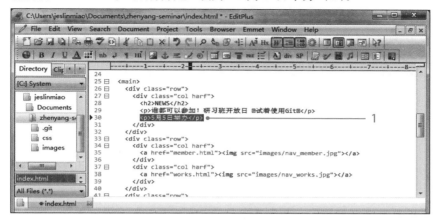

▼修改前的源代码

<p>日期待定</p>

▼修改后的源代码

<p>5月5日举办</p>

③　修改完成后，保存文件并关闭，暂存和提交此次修改（步骤参
考第 05 节）。

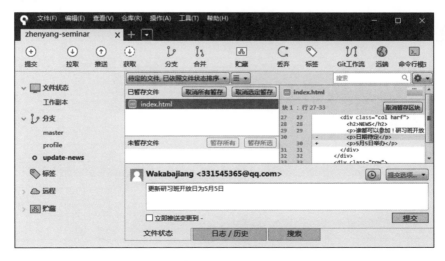

◆ 在 master分支上操作

　　假设同一时间有其他人在 maser 分支上进行提交，而且这是一次新的不同的提交。

　　① 首先，移动（checkout）到 master 分支（1）上（步骤参考第 09 节）。

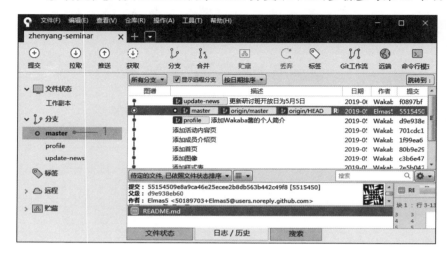

　　② 在 master 分支上，把"日期待定"改为"5 月 6 日举办"（1）。

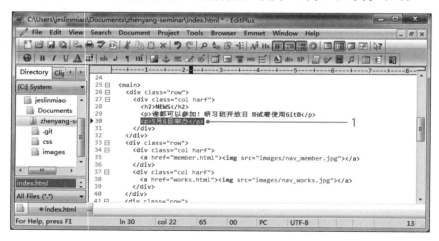

▼修改前的源代码

<p>日期待定</p>

▼修改后的源代码

```
<p>5月6日举办</p>
```

③ 修改完成后,保存并关闭文件,在 SourceTree 上进行暂存和提交。

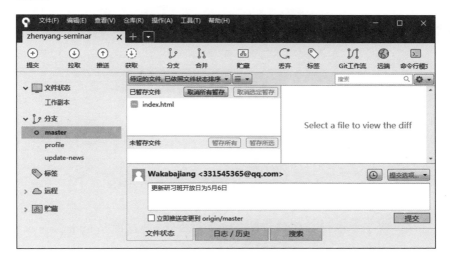

④ 操作到此,你应该会看到如下图所示的两个分支。

有两个分支的状态

◆ 合并

最后，将 update-news 分支合并到 master 分支。

① 因为 master 分支要读取 update-news 分支，所以首先需要确认已移动（checkout）到 master 分支上（1）。

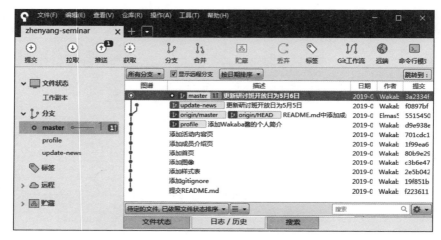

② 终于要进行合并了。右击被合并的分支（这次是 update-news），选择"合并 update-news 至当前分支"（1）。

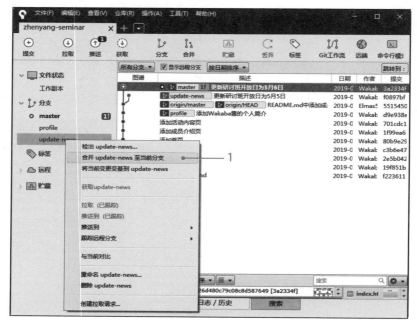

③ 冲突发生。

▼Windows 系统

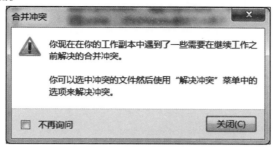

▼Mac 系统

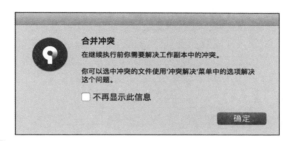

◆ 解决冲突

现在让我们一起来解决冲突。

① 对于冲突的文件，会用"⚠"符号标识出来。

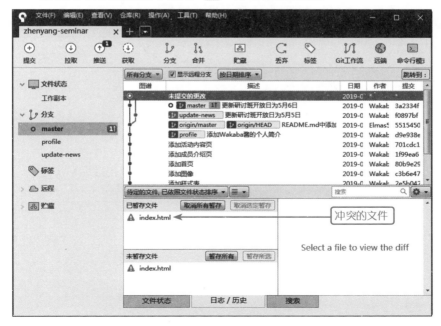

3

多人协作使用Git

② 用文本编辑器打开 index.html，可以看到标记直接写在了源代码中。这些标记只是记号，留下正确的源代码，把不必要的标记删除。

```
<<<<<<< HEAD
    <p>5月6日举办</p>
=======
    <p>5月5日举办</p>
>>>>>>> update-news
```

与 Elmas 小姐确认后，正确的举办日期是 5 月 6 日，所以留下"5 月 6 日举办"。

▼修改后的源代码

```
<p>5月6日举办</p>
```

▼修改前

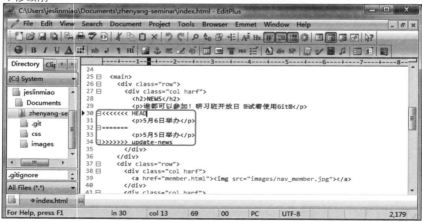

▼修改后

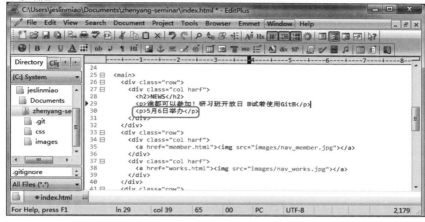

③ 修改完成后，保存文件并关闭文本编辑器。

④ 暂存和提交 index.html，提交注释会自动生成，也可以根据需要填写更详细的内容。

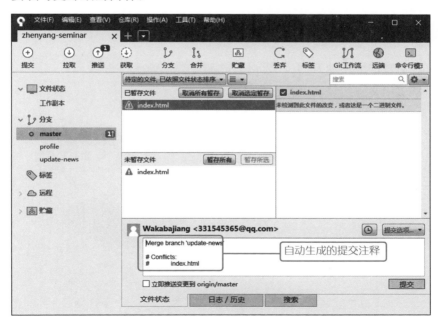

⑤ 冲突成功解决，并生成了合并提交。

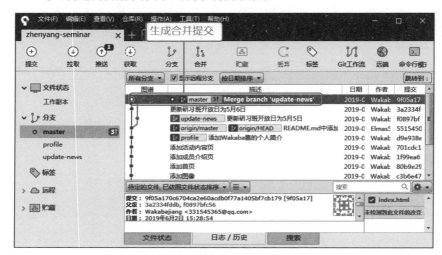

 解决啦！冲突好吓人呀！

总结

- 在冲突的地方，Git 会标记并提醒我们
- 用文本编辑器进行修改，并重新提交

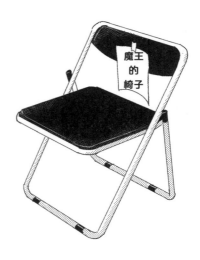

14 从拉取请求到合并

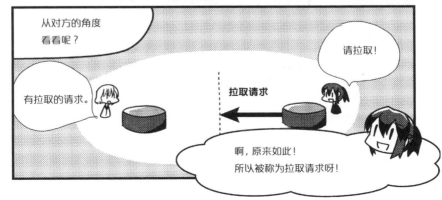

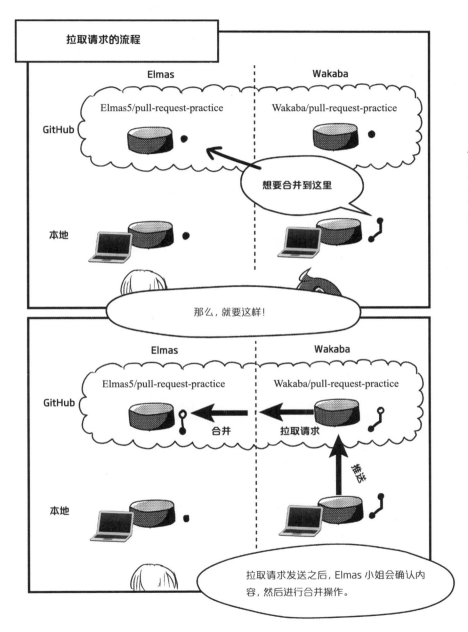

拉取请求是什么?

简单地说,拉取请求就是自己修改源代码后,请求别人采纳自己的修改,从而被合并到主分支上。

拉取请求与代码评审

使用拉取请求,有什么好处呢? 我们来比较在拉取请求中有 code review 和无 code review 的情况。

▼无 code review 的场景

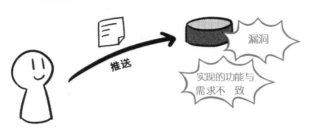

无 code review 时,一个人写的代码不经过他人的检查而直接被合并到主分支,很容易产生漏洞(bug)或实现的功能与需求不一致的情况。

▼有 code review 的场景

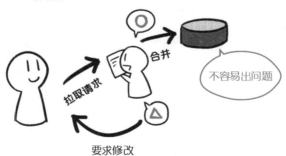

有 code review 时,负责人检查提交过来的代码,确认没有问题才会合并代码。这样,可以保障高质量的代码。

实践:从拉取请求到合并

Elmas 小姐的 GitHub 帐号上有一个练习拉取请求的仓库。使用这个仓库,一起来体验从发送拉取请求到被合并(merge)的全过程。

大致流程如下：

① 复刻。

② 克隆。

③ 创建自己要进行操作的分支，并提交。

④ 推送。

⑤ 在 GitHub 上生成拉取请求。

⑥ 被合并。

> 发送拉取请求给我后，我会进行合并哦，这只是练习，请自由地发送拉取请求。

◆ 复刻

　　首先，复刻练习拉取请求用的仓库。

　　① 打开以下 URL，点击页面右上方的 "Fork" 按钮（1）。

URL：https://github.com/elmas5/pull-request-practice

◆ 克隆

　　把基于复刻而创建的自己的仓库（×××（自己的帐号名）/pull-request-practice）克隆到自己的电脑里。

① 打开 "×××(自己的帐号名)/pull-request-practice" 所在的页面
（1），点击 "Clone or download" 按钮（2），复制显示出来的 URL（3）。

② 打开 SourceTree，从上方菜单栏依次选择 "文件→克隆 / 新
建…"。点击 "Clone"（1），在 "源路径 /URL" 中粘贴①中复制的 URL
（2），然后点击 "克隆" 按钮（3）。

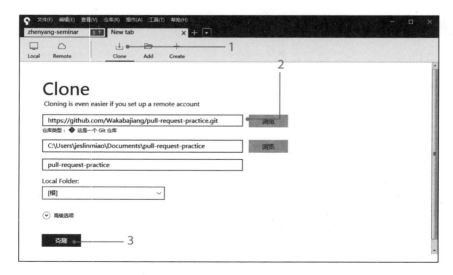

③ 提交日志在 SourceTree 中显示，说明克隆成功。

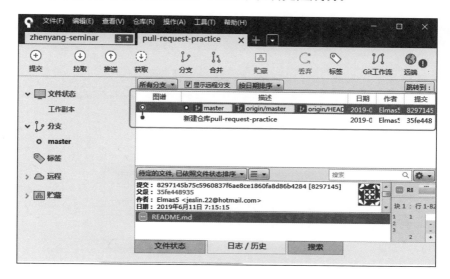

◆ 创建练习用分支，并提交

拉取请求要求读取自己的分支，所以首先创建新分支。

① 点击 SourceTree 的"分支"（1），创建新分支。例如，可以把新分支命名为"add-myfile"（2）。

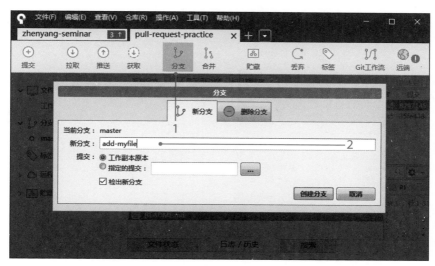

② 新建文本文件，文件名可自己随意设置。例如，我们在此设置为"wakabajiang.txt"（1）。

③ 提交（具体步骤参考第 05 节）。

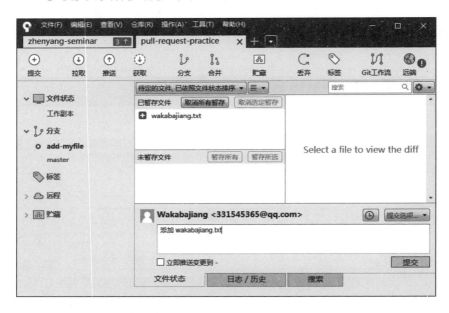

◆ 推送

下一步进行推送。

点击 SourceTree 的"推送"（1），勾选要进行拉取请求的分支"add-myfile"（2），点击"推送"按钮（3）。

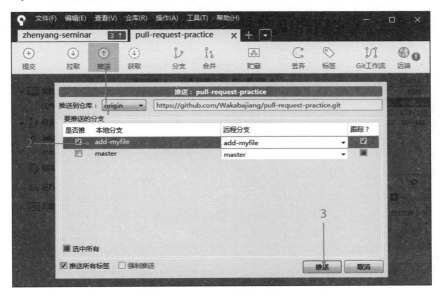

◆ 在 GitHub 上创建拉取请求

接下来创建拉取请求。

① 在 GitHub 上，打开之前复刻的仓库（"×××（自己的帐号名）/pull-request-practice"所在的页面）主页。点击"branches"（1），查看分支一览。

② 在"Active branches"中，可以看到推送的 add-myfile 分支（1）。点击右侧的"New pull request"按钮（2）。

③ 确认左侧是合并目标分支，右侧是自己推送上来的分支（1）。接着，填入说明（2），最后点击"Create pull request"按钮（3）。

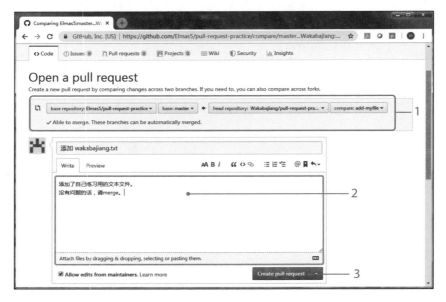

④ 拉取请求已发送给 Elmas 小姐，你的工作到此结束。不过，此刻只是发送了"请把这个内容读取到你的仓库中"的请求，还没有被合并。

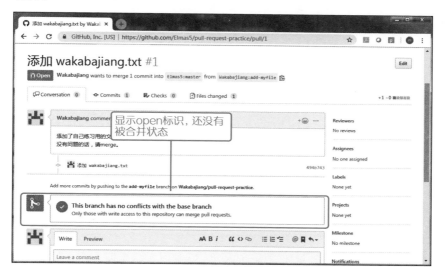

◆ 被合并(merge)

① Elmas 小姐进入 GitHub 后，就会收到如下图所示的拉取请求通知。

拉取请求通知

② 首先，Elmas 小姐确认内容，然后点击"Merge pull request"按钮。

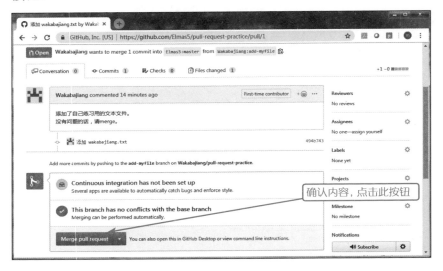

③ 你发送的拉取请求已经被合并到 Elmas 小姐的仓库中。合并完成后，GitHub 上会显示 Merged，拉取请求同时关闭。

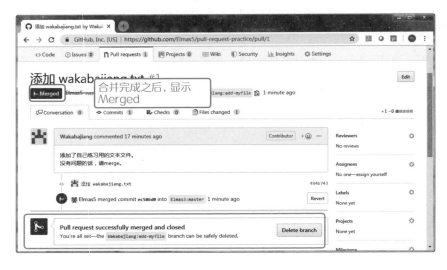

哇哦，我的内容被读取到 Elmas 小姐的仓库了！好开心！

▼Wakaba 酱提交的内容 wakabajiang.txt 已被读取。

大家也请多多地发拉取请求给我呀。

太好了！那我就尽情练习啦。

✏ 需要重新提交拉取请求时该怎么办？

发出拉取请求后，有可能在 code review 过程中被驳回，并注释上
"请修改这里"。如果被驳回要求修改代码，该怎么办？

遇到这种情况，需要在同一个分支上进行修改，然后提交、推送。
这样，就能简单地更新 GitHub 上拉取请求的内容。

推送了新的提交后，拉取请求的内容也会随之更新！

15 忽略无须进行版本管理的文件

1
2

3
多人协作使用Git
4
5

呼噜~~

在睡觉……

images

about.html

.DS_Store

哇啊~

呢!

还没有设置.gitignore呀!

嘎嗒

嘎嗒

(.－ω－)zzz

(.－ω－)zzz

无须进行版本管理的文件是什么

在 Git 仓库中，有些文件或目录并不需要进行版本管理，例如以下列举的文件或目录。

- 系统自动生成的文件
- 缓存
- 容量过大的文件

▼忽略文件示例

文件/目录名	说明
.DS_Store	Mac 系统自动生成
Thumbs.db	Windows 系统自动生成
.sass-cache/	sass 的缓存，没必要进行管理，忽略
*.css.map	sass 的 source map，为了追踪 sass 的使用情况而输出的文件，没必要进行管理，忽略

这些情况，使用".gitignore"这个文本文件，可以指定不在 Git 上进行管理的文件。

".gitignore" 的书写规则

下面介绍几个主要的".gitignore"书写规则。

▼忽略特定的文件

```
# 忽略自己用的备忘文件
memo.txt
```

▼忽略特定的扩展名

```
# 忽略扩展名为.rbc的文件
*.rbc
```

▼特殊文件不忽略（设置例外情况）

```
# 作为例外情况，不忽略test.rbc
!test.rbc
```

▼忽略特定目录

```
# 忽略目录template_c以下所有的文件
template_c/
```

▼指定根目录下的子目录

忽略根目录的log子目录下所有的文件
/log/

▼注释

行首输入# 就表示这是注释行

编程语言或技术架构不同，最适合的".gitignore"设置也不同。在 GitHub 提供的仓库中，有各种".gitignore"示例可供参考。

• GitHub —— 常用 .gitignore 模板的集合

URL: https://github.com/github/gitignore

实践: 在".gitignore"中写入规则

为了避免前述漫画中出现的情况，我们在".gitignore"中设置忽略列表。

① 点击 SourceTree 页面右上方的"设置"（1），弹出"仓库设置"对话框，点击其上的"高级"（2），再点击"仓库指定忽略列表"中的"编辑"按钮（3）。

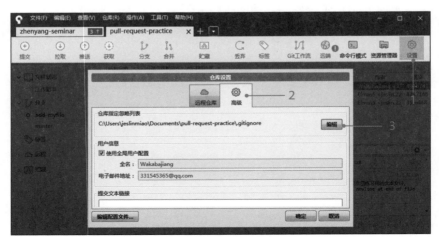

② 打开名为".gitignore"的文本文件，写入如下内容，保存并关闭。

```
.DS_Store
Thumbs.db
```

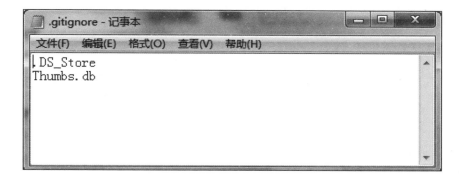

③ 点击"仓库设置"对话框上的"确定"按钮。

④ 暂存并提交。这样,".DS_Store"和"Thumbs.db"就不在 Git 的管理范围了。

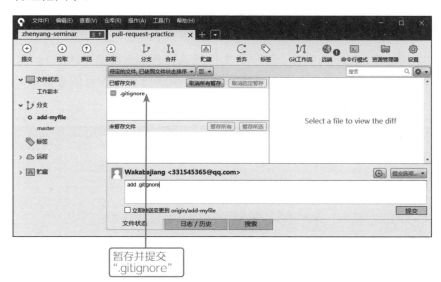

暂存并提交
".gitignore"

忽略已提交文件的方法

忽略已提交文件时,需要进行以下两步操作。

- 停止跟踪
- 添加到".gitignore"

具体的操作步骤如下：

① 移动到"文件状态"（1）（Mac 系统也是"文件状态"）页面。

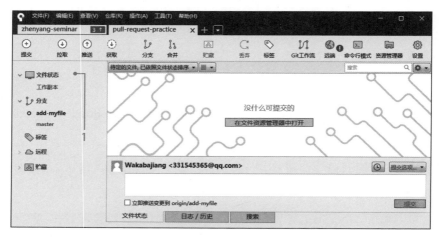

② 在"待定的文件，已依照文件状态排序"下拉菜单中选择"所有"（1）（Mac 系统是"待定的文件，已依照路径排序"下拉菜单中的"所有文件"）。

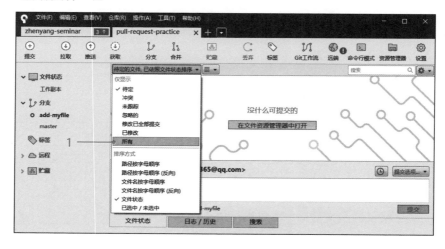

③ 右击想要停止跟踪的文件（此处用 wakabajiang.txt 示例），选择
"停止跟踪"（1）（Mac 系统是"停止追踪"）。

④ 提交的注释中写上停止跟踪相关的信息，完成提交。

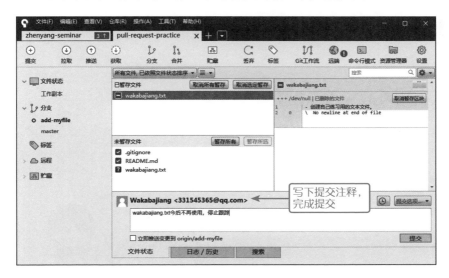

⑤ 最后，按照"实践：在".gitignore"中写入规则"（第 146-147 页）中的操作步骤，在".gitignore"中添加指定忽略的文件并保存。

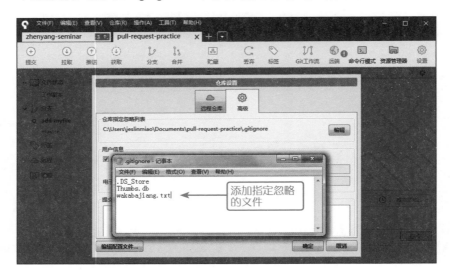

16 Bitbucket 的使用方法

Bitbucket 是什么？

Bitbucket 是 Atlassian 提供的一种源代码托管服务，采用 Mercurial 和 Git 作为分布式版本控制系统。5 人以下的团队可免费使用 Bitbucket 的私有仓库。

实践: 使用 Bitbucket

现在就把 Bitbucket 用起来吧。

◆ 创建帐号

首先，按照如下步骤创建账号。

① 登录 Bitbucket 官网（https://bitbucket.org/），点击 "Get started for free" 按钮（1）。

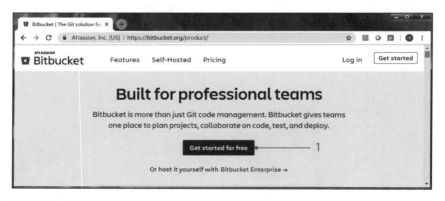

② 输入邮箱地址、用户名和密码（1），点击 "Agree and sign up" 按钮（2）。收到验证邮件后，点击邮件中的链接进行验证。

③ 输入账号名（1），点击"Continue"按钮（2），这样就完成了用户注册。

◆ 在 Bitbucket 上创建远程仓库

下面让我们在 Bitbucket 上创建远程仓库。

① 用户登录后，将跳转到如下页面，点击下方的"Create repository"按钮（1）。

② 填入仓库名（1），如果是私有仓库，请选择"This is a private repository"（2），然后点击"Create repository"按钮（3）。

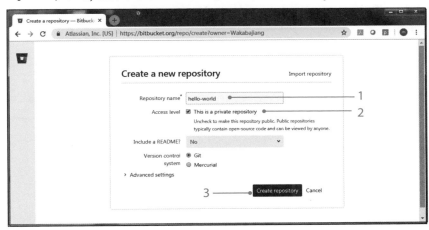

③ 新建一个 README 文件（也可以在创建仓库时选择"Include a README"），点击"Create a README"按钮（1）。

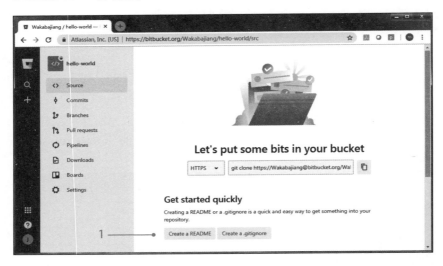

④ README.md 自动生成后，直接点击"Commit"按钮（1）。

◆ 克隆到本地

下面把远程仓库克隆到本地。

① 点击页面右侧的"Clone"按钮（1）。

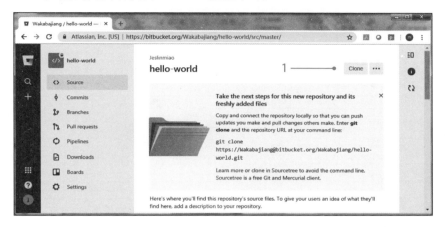

② 弹出"Clone this repository"浮层，点击浮层上的"Clone in Sourcetree"按钮（1），将弹出"要打开 URL: sourcetree Protocol 吗？"确认框，点击"打开 URL: sourcetree Protocol"（2）。[①]

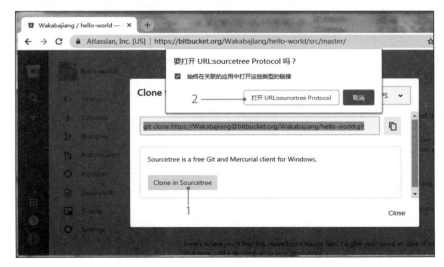

---

① 译者注：系统升级后，已不需要第③步的用户登录，而是直接挂起 SourceTree。

③ 指定克隆的保存路径（1），然后点击"克隆"按钮（2）。

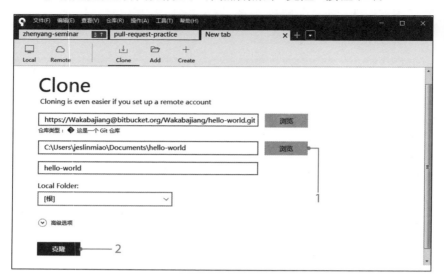

④ 新建的 README.md 文件能够被下载，说明克隆成功！

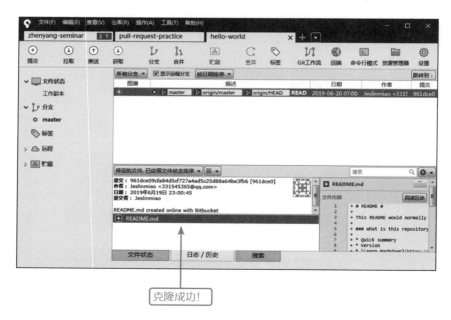

克隆成功！

◆ 拉取请求的发送方法

　　作为练习，我们在 Bitbucket 实践从拉取请求到合并的全过程。

　　① 创建新分支，添加文本文件 sample.txt，然后提交和推送（操作步骤参考第 09 节）。

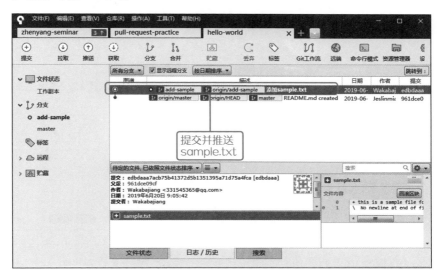

　　② 点击左侧菜单栏中的"Pull requests"（1），然后点击页面右上方的"Create pull request"按钮（2）。

3　多人协作使用Git

③ 进入创建拉取请求页面，左侧设置为推送的分支（1），右侧设置为合流目标的分支（2），在"Description"方框中输入注释（3），点击"Create pull request"按钮（4）。

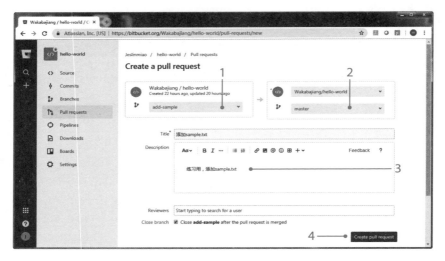

④ 拉取请求创建成功，确认内容后，点击"Merge"按钮（1）。

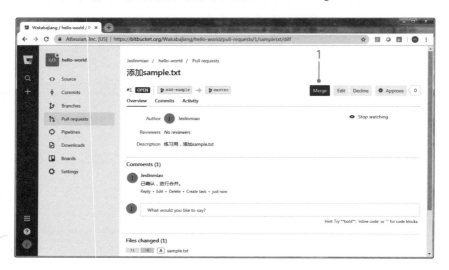

⑤ 在弹出的确认对话框中，确认内容后，点击"Merge"按钮（1）。

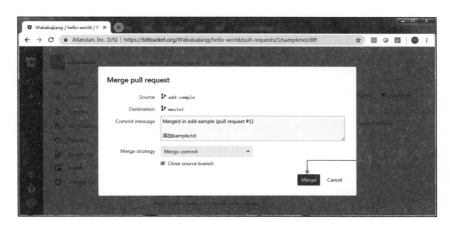

⑥ 确认是否真正被合并。点击左侧菜单栏上的"Commits"（1），能够看到发出拉取请求的那个分支是否被合并。

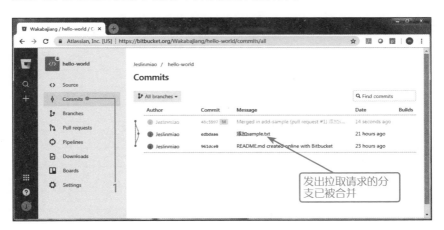

 耶！在 Bitbucket 上，我也学会了从拉取请求到合并的全过程！这样，无论是在 GitHub，还是在 Bitbucket，我都畅通无阻了！

3

多人协作使用Git

　　Git 是使用起来非常方便、自由度很高的工具。但正因如此，有时候大家可能会对"分支该怎么用"产生疑惑。所以，这里介绍一下推荐的分支使用方法"GitHub Flow"。

◆ GitHub Flow 是什么?

　　GitHub Flow 是 GitHub 和其他多数互联网公司使用的、简单且高效的分支运用规则。

　　• GitHub Flow – Scott Chacon（英文）
　　URL：http://scottchacon.com/2011/08/31/github-flow.html

◆ GitHub Flow 的分支模型

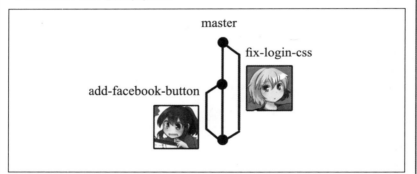

　　• master 分支
　　master 分支的内容，一般比较稳定，任何时候都处于可公开发布的状态。原则上，不在 master 分支上操作，而是在下面介绍的 topic 分支上操作。

　　• topic 分支
　　当要增加新功能及升级设计时，需要从 master 分支上新建分支，在新分支上进行开发。若要合并到 master 分支，需要发送拉取请求。topic 分支的命名最好是简单易懂的名称，例如：

- add-facebook-button
- fix-login-css

◆ GitHub Flow 的6个规则

① master 分支任何时候都可公开发布。

② 需要进行新功能开发时，新建一个分支，其名称可直接反映新功能。

③ 定期推送分支。

④ 如果想要获得反馈建议，或者已经开发完毕可以合并到 master 分支，就发送拉取请求。

⑤ 合并到 master 分支上的代码，一定是经过 code review 并通过的代码。

⑥ 合并到 master 分支后，可直接发布。

遵守上述规则，只要浏览分支一栏，便能了解现在正在进行什么样的开发。

另外，所有的迭代经过"拉取请求→code review→合并"过程，就可以防止"谁也没有检查过的源代码不小心被合并到 master 分支上"的情况。

② 从其他成员那里获得 code review 反馈。

③ 评审通过之后，合并到 master 分支。

在 GitHub 的历史迭代中，最高一天有 175 次拉取请求被合并和发布。

好厉害！有了GitHub Flow，就可以进行高效又稳定的开发啦。

实用Git
~这些时候，该怎么办呢？

17 回到过去，创建新分支，修改内容

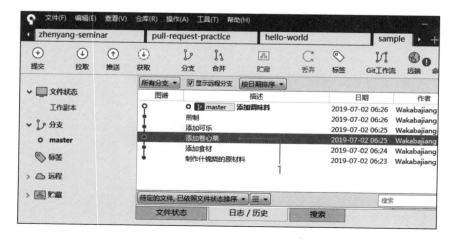

checkout，创建新分支的方法

① 首先，双击想要返回到的提交。在此例中，我们假设要回到添加可乐之前，那么双击"添加卷心菜"（1）。

② 在弹出的确认对话框中，点击"确定"按钮（1）。

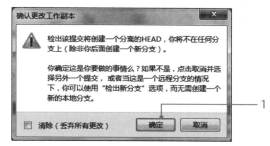

③ checkout 成功。

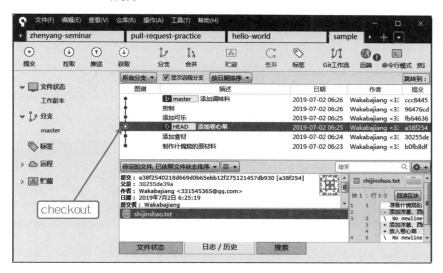

④ 在此状态下，点击"分支"（1），创建新分支。

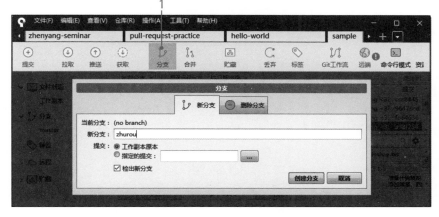

⑤ 在之前 checkout 的提交上，可以看到已创建的新分支（1）。

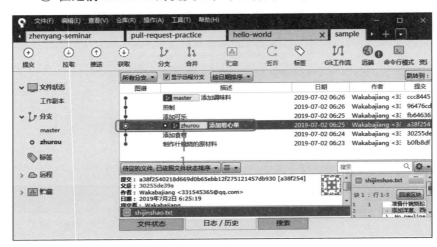

⑥ 在此状态下进行新的提交，可以实现从历史的某个时间点开启新的分支。

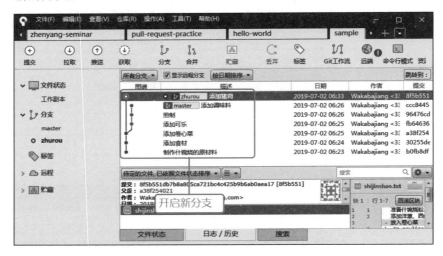

📖 总结

- 想要返回，修改内容时→先 checkout，后创建新分支

18 撤销过去的提交（revert）

刚才是通过新建分支修改内容的。

D
C
B ← 想撤销的提交
A

那么，是否可以撤销过去某个时刻的提交呢？

这种时候，
用 revert 哟！

E ○ — revert
D ○
C ○
B ○ +
A ○

通过提交与过去某次提交完全相反的内容来撤销过去的提交。

revert 是什么？

revert 可以让一次提交反向适用。

不是直接删除过去的某次提交，而是完全使用与过去某次提交相反的内容来进行一次新的提交，从而覆盖过去的变更，这就是 revert 的特点。

revert 的方法

进行 revert 的具体操作步骤如下：

① 右击想要 revert 的提交，选择"回滚提交"（1）（Mac 系统是"提交回滚"）。

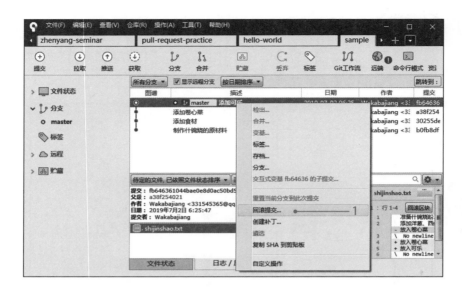

② 如此就新建了一次撤销过去变更的提交。

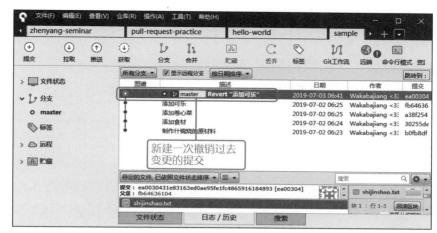

真的耶！相反的内容，新的提交！

如下可以对几次提交前的提交进行revert。

✒ revert 中发生冲突？

变更的内容与指定的提交在同一行时，会引发冲突。针对这种情况，可以按照第 13 节所示的步骤，先解决冲突，再进行提交。

✒ 总结

• revert →通过新建与过去某次提交完全相反内容的提交来安全地撤销历史提交

提交历史合并为一条直线 (rebase)

 Wakaba 酱，问你个问题，想要把分支合并起来该怎么做？

 merge呀！

 其实，还有一种方法，就是 rebase 哟。

 rebase？ 与merge有什么区别？

 认真地看一下很快就能理解其中的差异了吧？

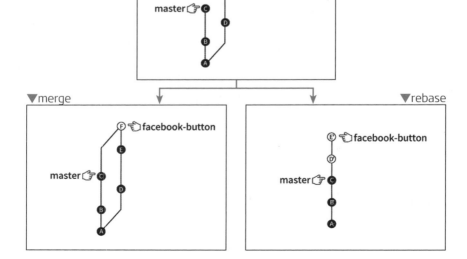

噢噢! 提交历史的形状完全不一样! merge时, 提交历史保持原来的分流状态, 而rebase时, 提交历史合并为同一条线。

正是如此! 那么, 我们也在 GitHub 上查看一下提交历史吧, 哪一个更容易明白呢?

▼merge 的提交日志

▼rebase 的提交日志

rebase的记录更容易查看!

为什么呢?

merge时, 导航栏和facebook按钮上的操作是简单地按照时序排列, 很难明白哪些地方进行了怎样的变更。
rebase时, 能容易看出进行了导航栏的变更和facebook按钮的设置。

好赞! 不愧是我魔王教授研习班的成员!

1

2

3

4

实用Git ~这些时候, 该怎么办呢?

5

merge 和 rebase 的区别

Wakaba 酱在 facebook-button 分支上进行操作的同时，Elmas 小姐在远程仓库的 master 分支上进行着更改提交。

> 因为大家同步修改代码，可以 master 分支一直在迭代……后面若有很多冲突发生就很麻烦，所以最好尽早读取 master 分支上的新迭代。

Wakaba 酱把 master 分支的提交读取到 facebook-button 分支上。

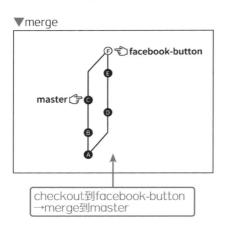

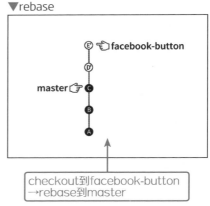

- merge 时，不改变历史提交，只是为了合并而生成一次新的提交。
- rebase 时，改变原始的历史提交，重新提交到 rebase 目标分支上，提交历史变成一条直线。

所谓 rebase 就是 "re" + "base"，想象成把分支连根拔起，重新栽种。这样比较容易理解一些吧。

> 无论是 merge 还是 rebase，合并后的源代码都是一样的，只是生成的提交历史的形状不同。

但是rebase会改变提交历史，所以有一定的风险。这是因为与merge不同，rebase的逻辑是把所有历史提交都重新生成新的提交。rebase前后，提交id会改变。

也就是说，如果不小心把远程仓库上已有的分支进行rebase 的话……

用普通的方法，就无法成功推送了。所以在还没有完全熟练掌握rebase前，还是用merge吧。

rebase 的方法

进行 rebase 的具体操作步骤如下：

① 首先，双击要进行 rebase 的分支(此例中为 facebook-button（ 1)) 进行 checkout。然后右击 rebase 的目标分支(此例中为 master)，选择 "将当前变更变基到 master"(2)。

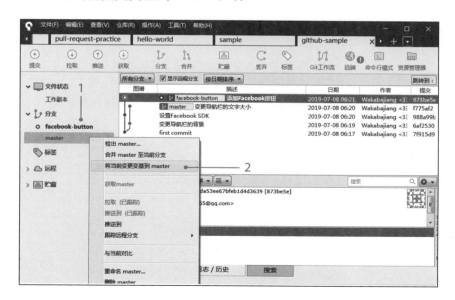

② 成功 rebase！可以看到提交历史已变成一条直线。

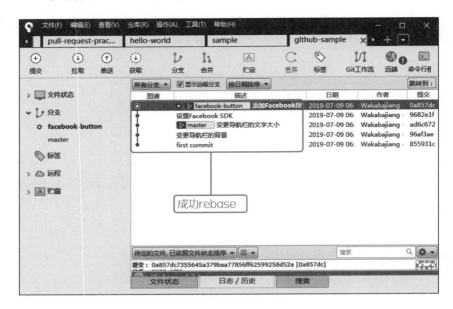

 哇哦，成功 rebase 啦！可以看到，facebook-button 分支已累积到 master 分支上。

如果发生冲突

发生冲突时，从下图所示的页面上方的菜单栏中依次点击"操作 →解决冲突"；然后手动解决冲突后，再点击"操作→继续变基"。这样就可以完成 rebase，进行新的提交。

解决冲突的方法可以参考第 13 节的内容。

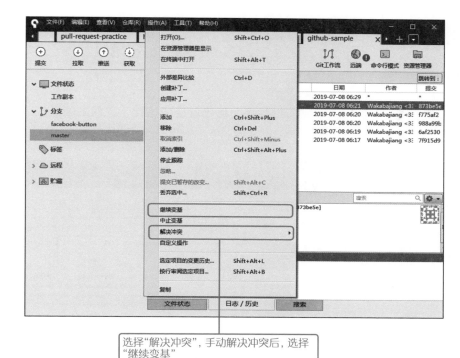

选择"解决冲突",手动解决冲突后,选择
"继续变基"

📖 总结

- rebase → 提交历史变成一条直线
  - 但是,正因为改变了提交历史,所以存在一定的风险
- 请注意,已经在远程仓库存在的提交不要进行 rebase
  - 在未完全熟练使用 rebase 时,还是使用 merge 比较好

20 合并多个提交（squash）

修改了多次，结果提交历史就变成这样了。如果能把多个提交合并成一个，提交历史变得整洁一些，就好了……

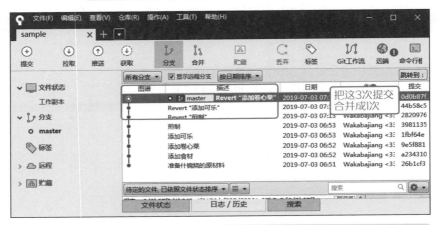

哦，这个可以通过squash实现，不过仅限于推送前。

把多个提交合并为一个的方法

把多个提交合并为一个的操作步骤如下：

• 如果提交已经在远程仓库中存在，若此时改变提交，会导致远程仓库与其他合作开发者的本地仓库之间有差异，引发混乱。所以，首先确认要进行合并的多个提交只存在于自己的本地仓库，再进行合并操作。

① 右击将要进行合并的多个提交之前的那次提交，选择"交互式变基 ×××（commit id）的子提交"（1）（Mac 系统也是"交互式变基 ×××（commit id）的子提交"）。

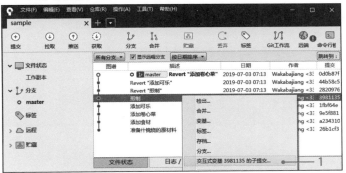

② 进入交互式变基模式，选中想要进行合并的提交，点击"用此前的 squash"按钮（1）（Mac 系统是点击"用以前的提交来 squash"按钮）。

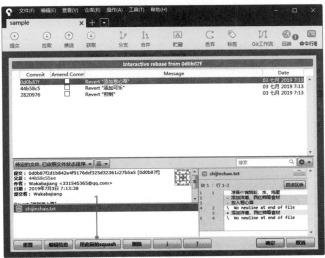

③ 将多个提交合并成为一个。点击"确定"按钮(１)，合并完成。另外，如果想要替换提交注释，点击"编辑信息"按钮(２)即可。

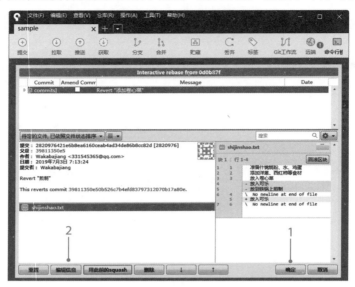

📝操作过程中出现混乱

在交互式变基模式中，如果出现混乱，点击"重置"按钮，就可以返回合并前的状态。

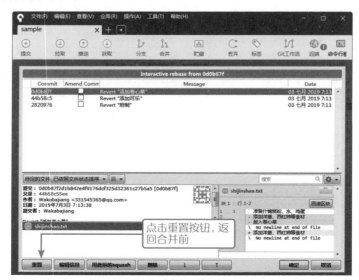

发生冲突怎么办?

发生冲突时,在下图所示的页面上方菜单中依次点击"操作→解决冲突";解决冲突之后,再依次点击"操作→继续变基",就可以完成变基,进行提交。

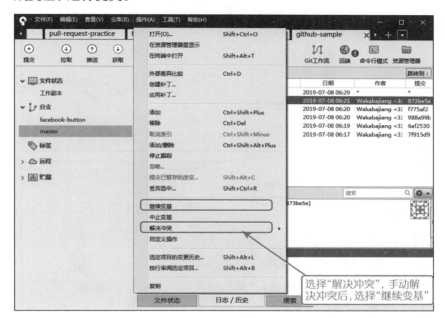

选择"解决冲突",手动解决冲突后,选择"继续变基"

解决冲突的方法可以参考第 13 节的内容。

总结

- 合并多个提交 → 进入交互式变基模式进行 squash
- 但是,因为改变了提交历史,所以存在一定的风险性
- 注意,不要对已经在远程仓库中存在的提交进行交互式变基

柠檬被 squash 了~

21 拉取是怎么实现的

远程跟踪分支的存在

到目前为止，Wakaba 酱都是这样简单地进行拉取 / 推送操作。

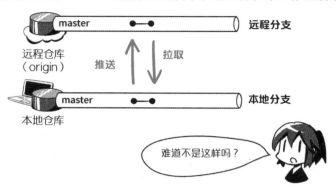

实际上的结构是这样的！

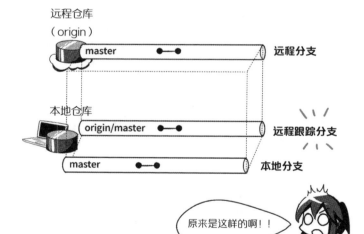

分支	说明
远程分支	• 存在于远程仓库
远程跟踪分支	• 存在于本地仓库 • 是远程分支在本地的镜像 • 只可读取
本地分支	• 存在于本地仓库 • 一般进行提交的分支

拉取的正解是 fetch+merge

　　拉取（pull），实际上是由 fetch 和 merge 两个功能结合实现的。到底是怎么回事呢？如下图所示。

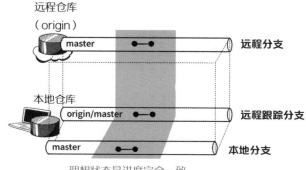

理想状态是进度完全一致

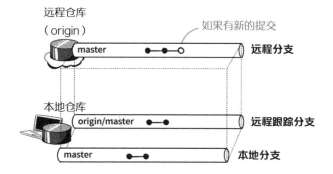

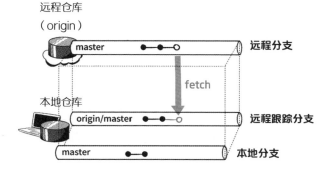

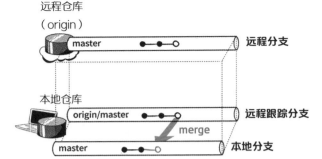

这两项工程放在一起才是拉取！

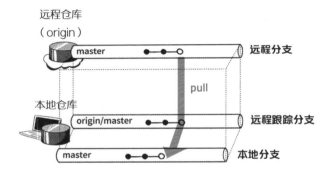

原来如此，拉取是由两项工程合并起来实现的。

不过，还有一点儿我不明白，图中一直有的 origin 是什么？

它是给远程仓库取的名称哟。克隆远程仓库之后，它的默认名是origin。因为只是在自己的电脑上怎么称呼远程仓库的问题，所以也可以取其他自己喜欢的名字。

嘿嘿，那么不叫 origin，叫 repoA，或者 repoB，再或者 Wakaba 都可以吧。

嗯，只要是Wakaba酱容易识别的名字，什么都可以。

22 获取远程仓库最新的状态（fetch）

想知道远程仓库最新的状态，但还不想都同步到本地仓库。用 Elmas 小姐教的 fetch 功能，是不是可以?

获取远程仓库最新状态的方法

"想知道远程仓库最新的状态，但还不想都同步到本地仓库" 时，可以使用 fetch。

◆ 在 GitHub 上直接提交

首先，假设有人已经进行了一次提交。为实现此状态，我们在远程仓库上直接创建一次提交。

① 打开以下 URL，点击 "README.md" 文件（1）。

https://github.com/×××（自己的帐号名）/zhenyang-seminar

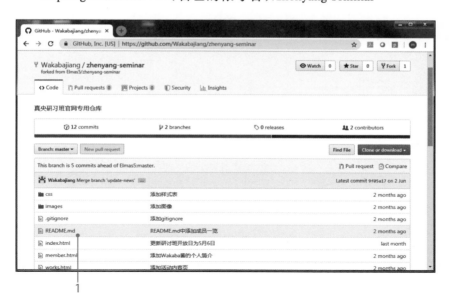

② 点击铅笔形状的图标(1)。

③ 进入的页面可直接编辑,例如,在"真央研习班官网专用仓库"前添加大学名(1)。

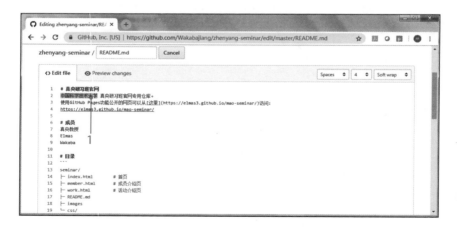

④ 编辑完成后,滚动到页面下方,添加提交注释,然后点击 "Commit changes"按钮(1)。这样就在 GitHub 上完成了一次提交。

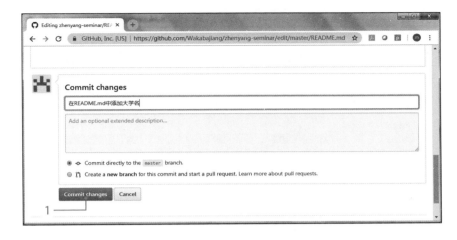

◆ fetch

现在把这次提交 fetch 下来。

① 首先，点击 SourceTree 页面上方的"获取"（1），然后点击"确定"按钮（2）。

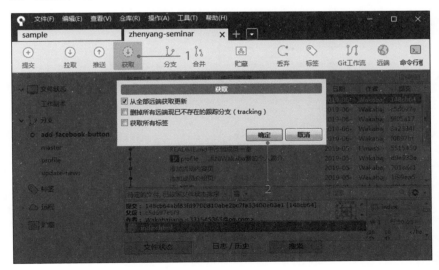

② 在 GitHub 上创建的提交已被下载。

这个就是远程跟
踪分支

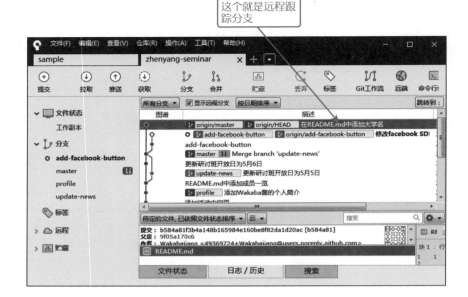

现在是下面这种状态：

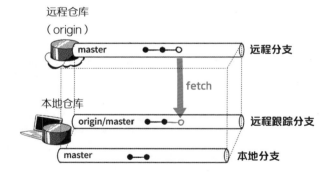

把远程跟踪分支合并到本地分支

fetch 时，只是把提交下载到远程跟踪分支（origin/master），但是还没有更新到本地分支（master）。

把远程跟踪分支上的内容同步到本地分支上，需要进行如下操作。

① 确认 master 分支处于 checkout 状态(1)。

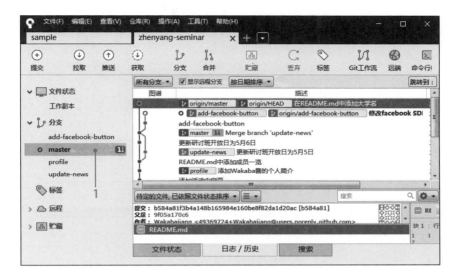

② 右击 origin/master 分支，选择"合并…"(1)。

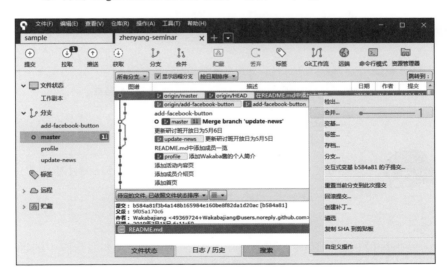

③ 此时，本地仓库和远程仓库的状态就一致了。

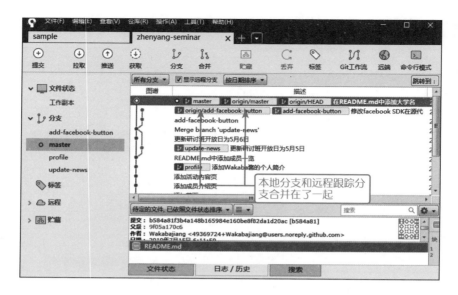

现在变成了下面这种状态：

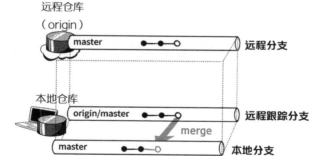

fetch 之后 merge，和拉取的效果一样！正是 Elmas 小姐刚才教的。

 总结

• fetch，从远程仓库下载已更新的内容，并更新到本地仓库中的远程跟踪分支中。

 ○ 只更新远程跟踪分支(origin/master)

 ○ 此刻，本地分支还未更新

• merge 后，本地分支才开始更新

 ○ fetch 和 merge 合并在一起等同于拉取

23 删除不需要的远程分支

 已经不用的分支，留着只会造成干扰，还是删掉吧。

已经被合并到其他分支且不再需要的分支，可以简单地删除。

※ 请在考虑各团队仓库运营方式的基础上进行删除操作。

删除不需要分支的方法

下面，我们开始删除 3 个地方的分支。

```
远程仓库
（origin）
      ┌─── add-facebook-button ───────┤ 远程分支

本地仓库
      ┌─── origin/add-facebook-button ─┤ 远程跟踪分支

      ┌─── add-facebook-button ────────┤ 本地分支
```

① 打开远程仓库后，点击左菜单栏"远程"三角指示标并展开，右击想要删除的分支，选择"删除 origin/add-facebook-button（远程仓库名 / 分支名）"。

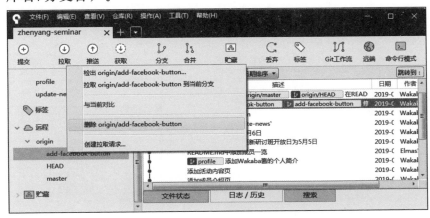

② 弹出确认框，进行确认，点击"确定"按钮。

③ 这样，远程跟踪分支被删除。进行推送后，远程分支也会被删除。

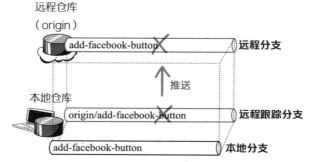

④ 同样，本地分支也可以从左菜单栏上的"分支"中删除，至此已完成了 3 个地方的删除。

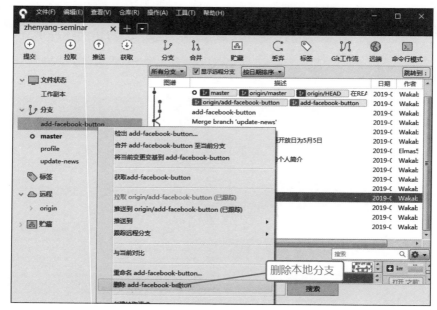

耶，这样就完全删除了不需要的分支。

虽然删除了分支，但已经合并过的提交不会消失，可以安心哟。

其他成员删除的远程分支，在本地也想删除

其他成员删除的远程分支，在本地也想删除时，需进行如下操作。

① 首先，点击"获取"（1），勾选"删掉所有远端现已不存在的跟踪分支（tracking）"（2），点击"确定"按钮（3）。

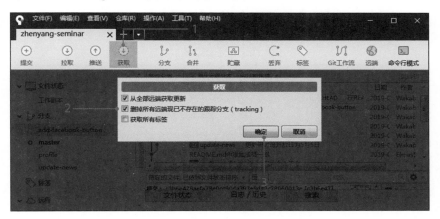

② 这样，远程仓库上已删除的分支，在远程跟踪分支上也会反映出来并删除。

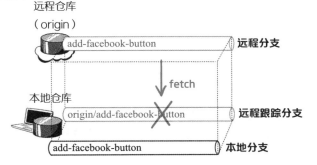

③ 在此状态下，本地分支还未被删除，可以从左菜单栏的"分支"中删除，至此全部删除完成。

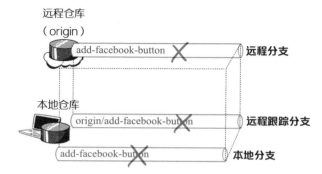

需在指出的是，右击远程仓库名时，选择"删除 origin（远程仓库名）"会把远程仓库直接删掉，注意不要误操作。

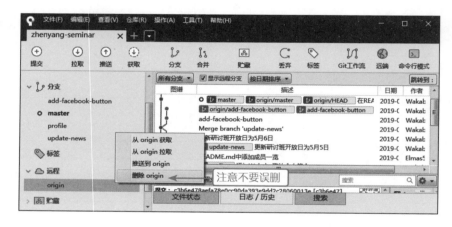

24 修改最近的提交注释

打错字，却不小心提交了！

添加的 Twitter 按钮

虽然能够传递信息，
但就这样推送上去，被大家看
到，会很丢脸的～

不用担心！

如果是最近的提交，可以
立刻修改哟！

修改最近的提交注释的方法

修改最近的提交注释的具体步骤如下：

※ 此方法仅限于在推送前使用。

① 应该输入"添加 Twitter 按钮"，但不小心打错字而且进行了
提交。

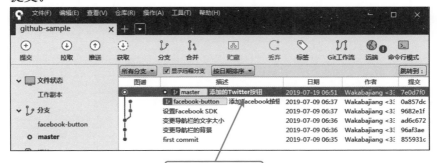

打错字且提交了！

② 点击"提交"(1)，之后下拉"提交选项"，选择"修改最后一次提交"(2)（Mac 系统点击"提交选项"，选择"更正上一次提交"）。

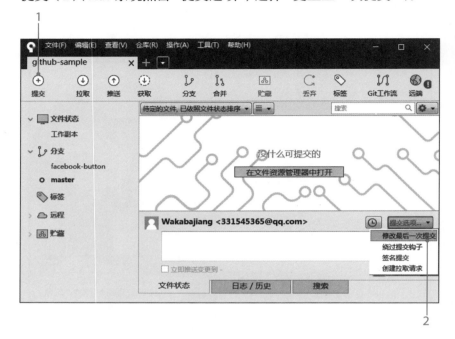

③ 弹出确认对话框，点击"是"按钮(1)。

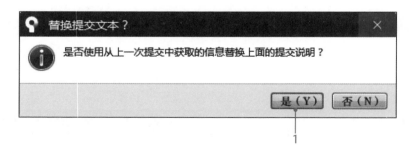

④ 切换到提交注释修改页面，修改提交注释(1)；点击"提交"按钮(2)。

⑤ 提交注释修改完成！

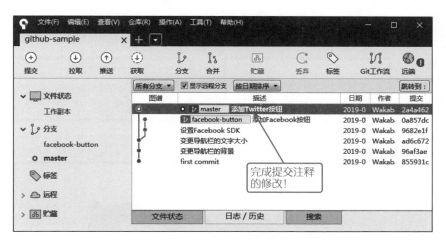

完成提交注释的修改！

总结

最近一次的提交注释，在推送前可以用 amend 命令修改。

25 暂存未提交的内容（stash）

中断工作时便利的命令——stash

stash 在英文中有隐藏、存储的含义。顾名思义，stash 命令可以把正在操作中的目录暂存在某个地方，其变更内容可以稍后恢复。

stash 命令，可以暂存进行到中途的操作，在移动分支和拉取时很有用哟。

就是可以实现"先把这个放一边"！这个是很方便的哦!

stash 的使用方法

stash 的具体流程如下：

① 进行到中途的工作内容，通过 stash 暂存。

② 完成插入任务之后，再恢复进行中途的工作内容。

◆ 通过 stash暂存

使用 stash 实现暂存的具体操作步骤如下：

① 当工作目录中有未提交的文件（1）时，无法将其移动到其他分支。在此状态下，点击"贮藏"（2）。

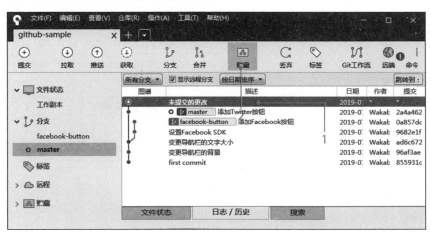

② 为此次暂存任意取个名字（1），点击"确定"按钮（2）。

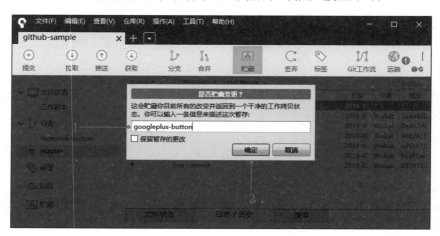

③ 这样，工作目录就变为已清理状态。

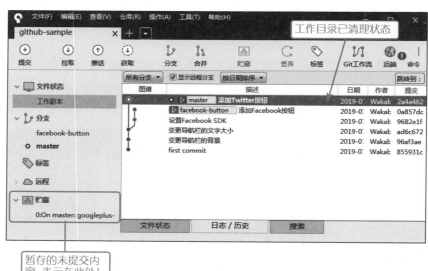

暂存的未提交内容，表示在此处！

SourceTree 上"未提交的更改"提示消失，可以移动到其他分支哟！

◆ 恢复变更内容

恢复变更内容的具体操作步骤如下：

① 完成插入任务之后，首先返回到移动前的分支，右击左菜单栏"贮藏"列表中想要恢复的工作内容，选择"应用贮藏区……"（1）（对于 Mac 系统，右击左菜单栏"已贮藏"列表中想要恢复的工作内容，选择"应用贮藏……"）。

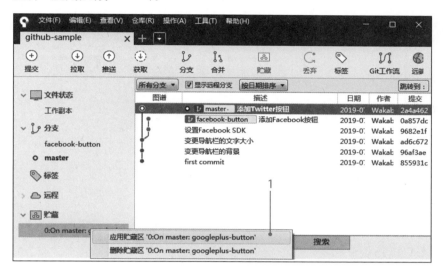

② 弹出确认对话框。点击"确定"按钮（1）。如果勾选"应用后删除"（2），在应用的同时贮藏区保存的变更内容将被删除。

③ 如下图所示，暂存的变更内容已恢复到工作目录。

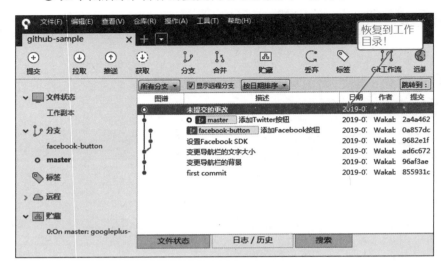

📝 总结

• 贮藏（stash）→暂存未提交的内容

26 从其他分支上获取特定提交 （cherry-pick）

我记得是在 facebook-button 分支上进行了提交，结果搞错了，原来是在其他分支上进行的提交！该怎么办呢？

用cherry-pick可以解决这个问题，它可以把任意提交复制到当前分支。

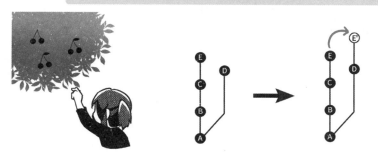

　　cherry-pick，是一句英文俚语，意为"只挑熟的樱桃摘取"。意如其名，这里是指可以通过这个命令挑选想要的提交进行摘取。

用 cherry-pick 获取指定提交

用 cherry-pick 获取指定提交的具体操作步骤如下:

① 首先, checkout 到想要进行新增提交的分支(1)。然后右击想要获取的提交, 选择"遴选"(2)。

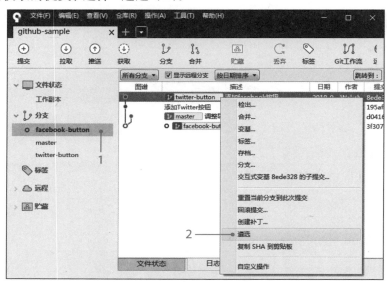

② 把其他分支上的提交新增到当前分支。

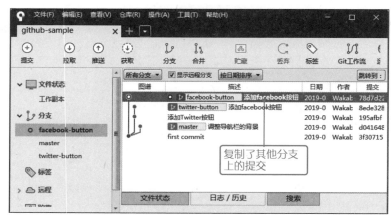

cherry-pick 最后只是把指定的提交复制到当前分支上, 而不是移动提交。所以, 原提交还存在原分支上。

撤销不需要的提交

不需要的提交还留在一个分支上，要撤销时可以使用回滚（revert）命令。

① 右击想要撤销的提交，选择"回滚提交"（1）。

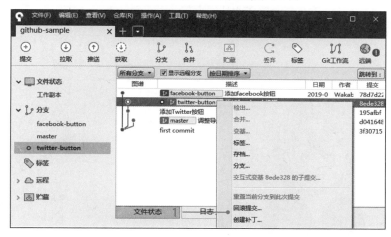

② 生成一次与原提交内容完全相反的提交，原提交将被撤销。

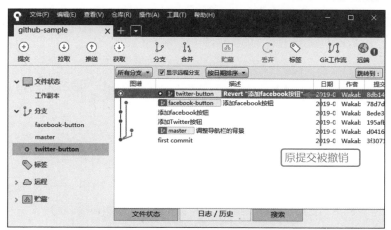

 关于 revert，可以参考第 18 节的内容。

总结

- cherry-pick → 复制任意提交到当前分支

4 实用 Git ～这些时候，该怎么办呢？

27 给提交做标记（标签）

 标签

　　使用标签可以给提交历史中重要的点加上标记。用一个简单易懂的名称做标记，方便后面查找历史记录。

　　例如，在以下场景中使用标签会很方便。

- 应用程序（APP）的开发，在发布时附上版本号作为标签
- 受委托的开发，附上交付日期作为标签（如 2019-07-30）
- Web 的开发，更新上线时附上标签（如 2019-renewal）

 加标签的方法

　　加标签的具体操作步骤如下：

　　① 右击想要加标签的提交，选择"标签"（1）。

② 输入一个标签名（1），点击 "添加标签" 按钮（2）。

③ 标签添加完成！

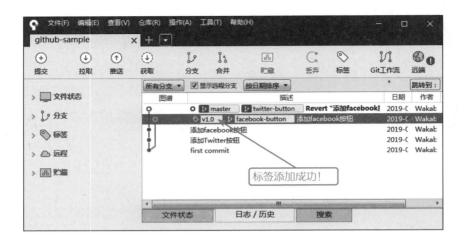

✍ 删除标签的方法

删除标签的具体操作步骤如下：

① 点击左菜单栏的"标签"(1)，右击想要删除的标签，选择"删除 v1.0(标签名)"(2)。

✍ 总结

• 用标签给提交历史中重要的点加上标记

28 错误地把 HEAD 直接指向某次提交

checkout 到某次提交，然后直接创建一次新的提交，这次提交上出现了 HEAD 标记，这是什么呀？

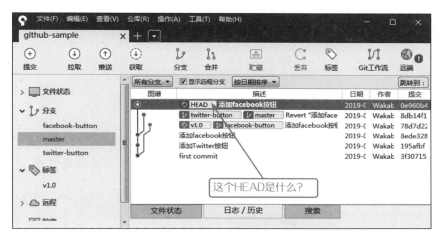

这不是detached HEAD状态吗？

detached HEAD 是什么？

它是不属于任何分支的无所属状态（分离头指针状态），也可以说是无业状态。

无业！

无业状态也可以继续进行提交。但下一次checkout后，就回不到现在的状态了，因为没有任何标记。

那该怎么办?

 简单! 无业可不行,赋予它一个所属分支就可以了。

📝在 detached HEAD 状态进行提交,将发生什么

现在来看下 detached HEAD 状态下进行提交后会是什么样子。

在正常状态下,HEAD 一般指向一个分支。

如果是 detached HEAD 状态,HEAD 直接指向某次提交的状态。

HEAD 在分离状态下进行提交。

 嗯? 不是可以进行提交吗? 再返回 master 分支不就可以了吗?

那么，尝试一下将 checkout 到 master 分支。

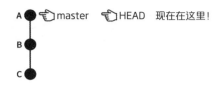

咦？提交不见了！

HEAD 直接指向某次提交时，怎么办？

如果不小心让 HEAD 直接指向了某次提交，这时只要把当前所指的提交放到一个新分支上就可以了。

① 点击"分支"（1），在新分支输入框输入分支名（2），然后再点击"创建分支"按钮（3）。

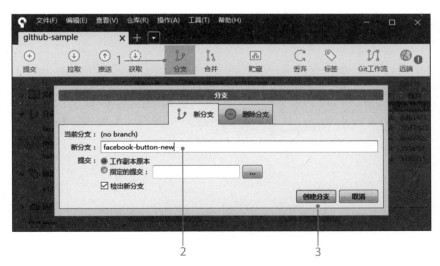

② 通过创建一个新分支，便可以解除 detached HEAD 状态。同时还可以看到，原标识 HEAD 之处已经变成了分支名。

实用Git～这些时候，该怎么办呢？

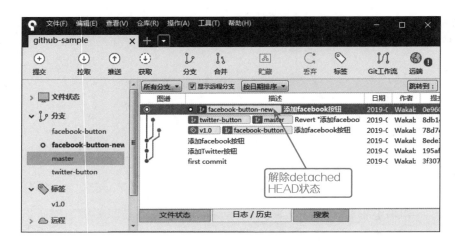

A ●☞master

B ● D ●☞facebook-button-new　现在在这里!

C ●

📝总结

- 在 detached HEAD 状态下，不要进行提交
- 如果在 detached HEAD 状态下进行了提交，不要慌，可以通过创建新分支来解决

212

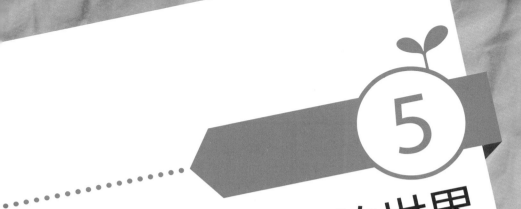

5

Git中更广阔的世界

29 在 GitHub Pages 上发布网页

GitHub Pages 是什么

GitHub Pages 是 GitHub 提供的网页发布服务。只要登录 GitHub 账号，就可以免费发布网页。

实践：在 GitHub Pages 上发布网页

在 GitHub 的设置页面上，只需要指定已有仓库的某个分支，就可以非常简单地发布网页。

※GitHub Pages仅能发布静态网页(HTML, CSS, JavaScript)，不能发布动态网页。另外，即使是私有仓库，在GitHub Pages上设置公开后，也可以公开发布到网络上。

① 现在来设置真央研习班官网的公开发布。首先，打开真央研习班仓库所在的页面(×××(自己的帐号名)/zhenyang-seminar)，点击"Settings"(1)。

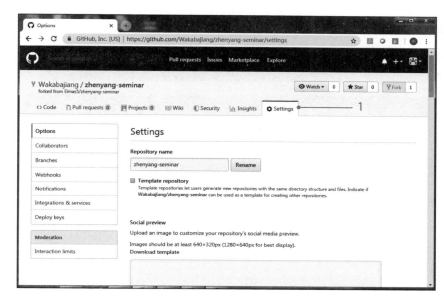

② 在 GitHub Pages 的 "Source" 栏选择 "master branch"（ 1 ）。

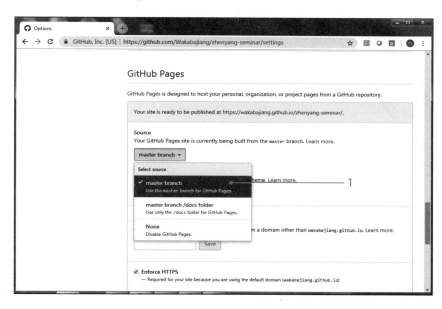

③ 浏览已公开发布的网页。

URL：https://×××（自己的帐号名）.github.io/ 仓库名

瞬间，网页就被发布了！

◆ 更新网页时

编辑源代码后，提交到 master 分支 → 推送，网页就会即时更新。

通过推送就能更新，好酷！

专栏： GitHub Pages能实现的事情

实际上，知名 JavaScript 库 "React" 的官方文档，就是在 GitHub Pages 上创建的。

URL：https://facebook.github.io/react

有人嵌入博客架构当个人博客使用，也有人作为综合网站使用。

创意不同，GitHub Pages 的使用方法也各种各样。利用 GitHub Pages 制作一个属于自己的独特网站，岂非乐事！

30 使用 Git 令人开心的事情

那~

最后，使用 Git 有什么好处呢？

这个嘛……

可以回到历史状态。

最初我也是这么想的。

现在看来，感觉不止这一点！

217

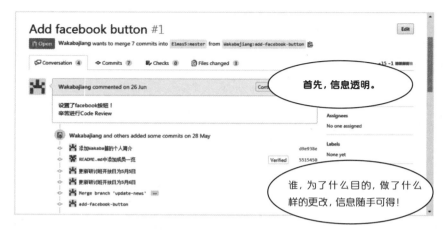

Git+GitHub 的效果

◆ 高效交流

工程师、互联网产品经理、产品策划等使用同一个工具，信息的遗漏或者错传就会减少。

- 团队中的任何人，都可以看到项目的进度及现在讨论的内容。
- 发送拉取请求，可以提交自己的代码或内容
- 针对一次拉取请求，还可以引入多方的意见，团队达成一致后进行合并（决策过程民主化）

 "自己不知道有重要变更上线"的情况也会很少发生。

 大家可以非常扁平化地进行意见交流与决策，好棒！

◆ 新人能很快地融入项目

源代码的变更历史以及每次变更的原因（为什么如此更改），都会记录在 code review 或者讨论区中，新加入的成员也能快速地融入项目。

 变更历史＋变更原因都有记录！认真想一想，这其实是很有价值的财产。

 正因为这样的价值，在代码管理之外，GitHub也被广泛使用。例如，白宫在GitHub上有政策文档的公开仓库。还有一些公司的法务文档和书籍的原稿也是放在GitHub上。对了，本书的原稿也在GitHub上……

 什么？你刚才说什么？

 嗯，没说什么！

专栏 : 开源代码与社交编程的世界

在互联网世界中，有免费公开自己编写的软件，他人对此公开的软件可以进行改进并再发布的文化。这被称为代码开源，最近也有人称其为社交编程。

在 GitHub 上免费公开软件后，世界上所有的人都可以随意 fork 并改进后，发送拉取请求。

下面，向大家介绍本书监修[①]DQNEO 先生的一件个人经历。

他写了一个名为 Amazon-S3-Thin 的 perl 程序库，并已公开到 CPAN（Perl 语言的公开程序库）和 GitHub。

URL：https://github.com/DQNEO/Amazon-S3-Thin

▼Amazon-S3-Thin 的仓库

公开两个多月后的某天，DQNEO 先生突然收到一个陌生人发来的两个拉取请求。

---

① 译者注：监修是给创作人员提供专业意见的一个职位，源于日本漫画制作业，相当于图书中的审校。

▼第一个拉取请求

▼第二个拉取请求

　　根据个人简介，这个陌生人好像是巴西人。地球那边的人在使用他的程序库，而且还给予了特别的赞赏！

　　他发现了功能不足，就在源程序上加了某些功能。DQNEO 先生随即合并了两个拉取请求，同时也在 CPAN 上进行了发布，然后幸福地睡去了。

　　第二天早上起床，发现同一个人又发来 3 个拉取请求。

▼又有 3 个拉取请求

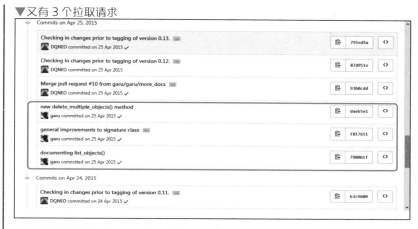

　　非常赞的代码！在"这不是在做梦吧"的不可思议状态下，DQNEO 先生又合并了这 3 个拉取请求。两天之内，新增了这么多功能！后来才知道，这位竟是 Perl 社区世界级的知名人物。

　　这个程序库后来也时常收到海外朋友发来的拉取请求，自己什么也没做，就只是点一下合并按钮，就增加了很多功能。

　　读者朋友们，如果你写了有趣又有用的内容，建议一定附上开源许可放在 GitHub 公开。
　　可能会发生令你意想不到又兴奋不已的事情哦！

结束语

🌱 作者后记

　　本书始于一条推文。

　凑川爱 @ 用漫画学会 Git
　@liminatoll

新员工在学习 Git 时，如果"读一下这个网络漫画，就能学会 Git"，我将无比欣慰与高兴。
→这样，各公司在培养人才上的时间会稍有减少！
→时间 = 人工成本
→减少的成本，将直接成为纯利润
→各公司得以发展
等等 😈

281　418
转推　赞

16:03 - 2016 年 4 月 7 日

　　我在学习 Git 时，很是痛苦。那时就想"一定有很多与我一样学得很痛苦的人"。于是，就想制作一些 Git 的学习内容，能让原本需要花好几天才能理解的东西，短时间内就能学会。

　　基于这样的初心，在个人网站发布了《用漫画学会 Git：第 1 话》，出乎意料的是，在はてなブックマーク①上超过 800 个人收藏。

　　还在惊喜中时，又收到リクルートキャリア②公司的邀请，开始在 CodeIQ MAGAZINE③上连载。

　　从第 3 话开始，工程师 DQNEO 先生开始持续地给我反馈意见，所以当决定出版此书时，就委托了他做本书的监修。

---

① 译者注：はてなブックマーク，日本一个内容发布软件，类似中国的知乎。
② 译者注：リクルートキャリア，Recruit Career，日本知名招聘网站。
③ 译者注：CodeIQ MAGAZINE，リクルートキャリア旗下面向互联网工程师的网站。

◆ 本书的原稿在 GitHub 上的管理

决定出版此书后，听从 DQNEO 先生的提议，开始在 Git 上管理原稿。这成为了一次非常有趣的尝试。

▼GitHub 上评论示意

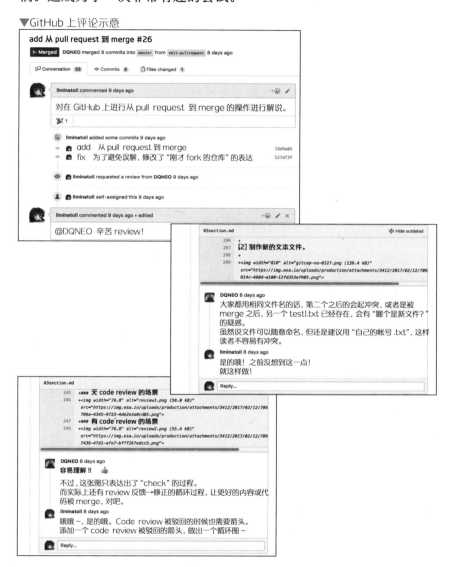

Git 不仅在代码的版本管理上，在文本的版本管理上，也是极为优秀的工具。

◆ 提前发现"绊脚石"

开始使用 Git 时，我把不懂的地方当作一个个"绊脚石"记录在笔记本上。在本书的写作过程中，每天也是边学习边针对"绊脚石"进行解说。文中 Wakaba 酱存在疑问的地方，也是我曾被绊住的地方。

- 有人先走一遍，提前发现"绊脚石"
- 针对这些"绊脚石"，用漫画和图解的方式，一个个快乐顺畅地清除

如果此书能减少你在学习 Git 中遇到的"绊脚石"，便是我极大的荣幸。

在本书的出版过程中，受到了以下人士热情的帮助，他们分别是：策划本书出版的 C&R 研究所的池田武人先生、吉成明久先生；很快接受监修这个职位的 DQNEO 先生；邀请我在 CodeIQ MAGAZINE 连载的马场美由纪小姐；CodeIQ 负责 Git 命令问答的 Tebi 先生；CodeIQ 负责运营的各位；Atlassian 的布道师长泽智治先生。还有在本书制作中给予帮助的所有人，在此请接受我衷心的谢意。

🌱 监修后记

第一次看到电子版《用漫画学会 Git：第 1 话》时，就觉得这是一次划时代的尝试。

Git，本身并不是一个简单的工具。无论是概念还是命令体系，在理解之前都需要进行相当多的学习。我刚学习 Git 时，常常一脸茫然，特别痛苦。

本书针对 Git 初学者在学习过程中遇到的"绊脚石"，通过漫画一个一个地进行解说。有一些极好的图解，就像是把 Git 高阶人士脑中

的图像画下来一样。在本书基本成型时，我便感叹："啊，如果当初我在学习 Git 时看到了这本书，就不用学得那么痛苦了。"

从技术上看，本书有两点非常值得称赞。第一，是从 Git 的内部结构或解读 C 语言源代码得来的真知灼见，如把提交动作比喻为拍摄照片，fetch 和 pull 的不同等。第二，是从软件开发，尤其是大规模 Web 开发真实环境下总结出来的"知其然，知其所以然"（know-how），例如，GitHub Flow，提交注释的填写方法等。所以，即使是 Git 的中级学习者，也会有新的发现。

通过本书初步学习 Git 后，请您一定尝试在黑色画面（命令行模式）上操作命令。想要更深入地掌握 Git，还要进入命令行模式。使用命令，能更简单、更深刻地理解 Git。如果本书能够让更多的人了解 Git 的便利性，能体会到使用 Git 进行协同开发的乐趣，于我便是人生极乐之事。

❦ 特别感谢

- esa LLC[①] 的越川先生、赤塚先生
- miira 团队的各位
- 在 Twitter、note、pplog 上支持此书的各位
- 从读者的视角直率地对此书提出意见的各位评论者
- 第 2 章的背景助理太郎良萌先生

❦ 素材提供

- GraphicBurger

http://graphicburger.com/

---

① 译者注：日本博客开发与运营服务提供商（https://esa.io/）。

在示例网站中，我们使用了 GraphicBurger 的背景素材。

在此，对允许这些素材在本书中使用的 GraphicBurger 管理人 Raul Taciu 先生表示诚挚的感谢！

🌱 参考资料

书籍

滨野纯：《Git 入门》，Shuwa system[①]。

盐谷启、紫竹佑骑、原一成、平木聪：《Web 制作者的 GitHub 教科书》，Impress[②]。

大串肇、久保靖资、丰泽泰尚：《33 个有趣的 Git 使用方法》，MdN books[③]。

结城浩：《数学文章作法》，筑摩学艺文库[④]。

网站

Git 官方文档（https://git-scm.com/）

---

① 译者注：日本出版社（https://www.shuwasystem.co.jp/）。

② 译者注：日本出版社（https://www.impress.co.jp/）。

③ 译者注：日本出版社（https://books.mdn.co.jp）。

④ 译者注：日本出版社（http://www.webchikuma.jp/）。

索引
INDEX（前半部分按英语字母升序排列，后半部分按汉语拼音升序排列）